2023 年度清华大学艺术与科学融合系列沙龙
设计与产业交融的机制与方略
首届学术沙龙及系列衍生活动

设计探索未来

艺科融合的社会实践与创新

蒋红斌　编著

机械工业出版社
CHINA MACHINE PRESS

本书以当今设计产业发展的现实问题和设计教育的社会要求为背景，联系未来中国产业发展的目标与战略要求，从工业设计的角度，汇合社会文化、产业势能、人才培养，以及组织形态等因素，以跨界交流的学术形式，系统地分析与分享了来自企业与院校有关艺科融合和设计创新的思考与研究成果，以期为中国设计的高质量发展贡献力量。

本书适合关心设计创新赋能产业发展与社会发展的相关政策制定者、研究者、设计师、设计管理者以及广大设计专业师生阅读参考。

图书在版编目（CIP）数据

设计探索未来：艺科融合的社会实践与创新 / 蒋红斌编著. --北京：机械工业出版社，2024.8. -- ISBN 978-7-111-76255-3

Ⅰ. TB47

中国国家版本馆CIP数据核字第202431K9W1号

机械工业出版社（北京市百万庄大街22号　邮政编码100037）
策划编辑：徐　强　　　　　　责任编辑：徐　强
责任校对：肖　琳　刘雅娜　　责任印制：单爱军
保定市中画美凯印刷有限公司印刷
2024年9月第1版第1次印刷
170mm×230mm・17.5印张・184千字
标准书号：ISBN 978-7-111-76255-3
定价：98.00元

电话服务　　　　　　　　　　网络服务
客服电话：010-88361066　　机　工　官　网：www.cmpbook.com
　　　　　010-88379833　　机　工　官　博：weibo.com/cmp1952
　　　　　010-68326294　　金　书　网：www.golden-book.com
封底无防伪标均为盗版　　机工教育服务网：www.cmpedu.com

清华大学艺术与科学研究中心（简称"艺科中心"）的建设目的是促进艺术与科学在学术、产业和科研等领域进行多维度融合，艺科中心鼓励社会各界共同推进社会实践、产业实践和科研实践。以清华大学美术学院为载体运行的艺科融合理念，可以大体划分为两个方向：一个方向是从科学中探索人类的生存规律，然后把科学精神与生命意义进行关联；另一个方向是从艺术中思考生命的价值，将关注人的发展看作研究的核心。在艺科融合的研究背景下，艺科融合理念贯穿整个大学的教学和科研，自2001年艺科中心开设以来，中心在不断塑造、发展理念的过程中反映出极为强劲的人文精神。在推进艺科中心细化各领域研究的过程中，艺科中心的各个研究所先后成立，并从多个角度展开研究与探索。笔者所在的研究所名为清华大学艺术与科学研究中心设计战略与原型创新研究所，开创者是柳冠中教授，他是中国工业设计专业的开创者之一，并且率先提出了设计战略与原型创新理念。柳老师认为工业设计不光要在产品中探索，还要站在社会组织结构的角度，甚至要与国家发展战略，乃至整个人类的未来命运进行深刻绑定。所以，研究所的设计实践"既要脚踏实地，更要仰望星空"。2023年年初清华大学艺术与科学研究中心设计战略与原型创新研究所开始策划举办"清华大学艺术与科学融合专题——设计与产业交融的机能与方略系列学术沙龙"，作为沙龙的策划和承办团队，不但明确自身在所处学术环境中的责任，还希望拓展设计研究成果在学界的影响力，赋能社会，引领时代。与此同时，基于自身对设计的无限热爱，不断探究设计创新的本质，持续追求设计突破与创新。正是因为对自我和生命的热爱，设计学人才能够在社会各界折射出独特的光环，通过学术、产业和科研领域的共同推动，让设计体现出对人的尊重与关怀，进而推动整体人类向"生而仁人"的方向前行。

设计与产业交融的机能与方略系列学术沙龙既能体现设计的学术性和研究深度，又能展现设计与社会融合的多面性特质。沙龙所邀请的专家和学者通过学术汇报分享他们在艺科融合中的设计思考和工作成果，并以多元化的形式加以呈现。所以，一方面，沙龙整体的内容能够把生活当中的问题、需求回溯到设计研究之中，这一过程可以称为原型创新。另一方面，通过学术沙龙为设计教学成果、企业实践成果、乡村振兴艺术作品提供展示与交流的平台，体现出沙龙举办的核心价值。

系列学术沙龙中既有设计实践者对于社会的洞察，又涵盖了多场设计学人之间的互动，整个沙龙邀请了以设计赋能社会各领域的"大家"。通过"大家"的演讲、"大家"的研讨、"大家"的洞察，展示出丰富的企业服务项目和社会创新服务成果，通过提出问题、理解概念，为参与沙龙的各界人士构筑设计共创的平台。系列沙龙与研究所以此为方向可以凝聚社会各界的设计人才，从更为宏观的角度实现设计战略与创新，这也顺应了柳老师所构建的设计战略研究目标。围绕设计战略与原型创新这两个核心目标，十几年来，研究所积极投身于产品设计研发与企业创新融合领域，联合社会政产学研各界资源，通过学术影响力构建研究平台，引发国家政策对工业设计的关注，建立不断完善的人才培养机制。

通过系列学术沙龙的策划与组织，不断扩大以高校为核心的社会影响力，进而开启对中国设计创造力和设计创造力园区的构筑探索。2023 年是国家

"十四五"规划的关键节点，希望通过清华大学艺科中心的学术号召力，推进设计战略与国家政策之间的"对话"，推进中国工业设计水平提升与产业升级。通过研究所上下的共同努力，推动工业设计成为未来中国发展战略创新的关键，形成一个与中国政治、政策、产业、人才、教育和文化深度绑定的"中国设计总方案"。

因此，设计战略与原型创新研究所要能够在整体中思考问题，正如柳老师所强调的"整体大于局部之和"，在宏观系统中思考设计走向。

综上所述，设计战略与原型创新研究所所举办的系列学术沙龙紧密围绕"艺科融合的实践与思考"这一核心目标，从艺科中心的历史发展线索中梳理出未来设计实践的宏观目标，通过系列沙龙的组织与推广，汇合多元化、多主体、多领域的设计研究成果，在产学研各界形成广泛影响力和良性反馈。沙龙中呈现出了多样化的学术活动，例如：大家学术分享、设计工作坊参观、主题艺术展览与设计展览，加深了学院师生与设计学人的互动。参与过学术沙龙的人都非常认可沙龙的专业性，以及主办团队的组织能力。

展望未来，希望持续举办的系列学术沙龙活动既能够涵盖设计对社会的全面洞察，又能够为社会各界共同探讨设计趋势与方向提供机会与场域。因此，对整体学术沙龙架构、内容、活动的策划实现了整体大于局部总和的目标，从而让整个学术沙龙分享、参与和共创过程熠熠生辉。

蒋红斌

目录

前言

01

理念与思考

当事·当代·当今：中国与世界的艺科融合设计思潮

02

实践与探索

品味·品质·品格：具有社会价值的艺科融合设计实践

03

展陈与交流

观察·体察·洞察：关注实践的艺科融合设计思维

01

理念与思考

当事
·
当代
·
当今

中国与世界的艺科融合设计思潮

艺科融合的创新精神与战略意义

艺科中心系列学术沙龙第一部分的两位演讲嘉宾分别是柳冠中教授和方晓风教授，两位老师身体力行地在清华大学美术学院设计领域为"艺科融合"发展做出了卓越贡献。

柳冠中老师强调中国设计要走出自己的实践路径，进行学术思想凝结，进而强化中国自主创新能力。作为中国工业设计专业开创者之一，他的演讲中明确阐述了中国未来的工业设计发展要放到整个国家战略中去探索，放到整个人类未来命运去向中去探索。

柳老师认为"工业设计是创造更合理、更健康的生活方式""我们必须认清中国的资源现状，审时度势地去重新定义、引领和创造属于中国特有的设计战略'模式'"。这让一代又一代的中国工业设计从业者去思索我们应该如何发展中国的设计思维，从中充分体现中华文明的节制力和价值观，柳老师确信这也是清华大学美术学院教育者应秉承的培养中国设计人才的初心。

方晓风老师通过梳理设计学人对设计认识的演变进而折射出设计的成长路径。方老师认为设计应兼顾商业、文明与精神价值，设计创新背后的重要因素往往跟市场竞争紧密关联，所以设计的进阶也是商业竞争的进阶。在演讲中，方老师首先分别阐述了国际工业设计协会对工业设计定义的五次更新，定义中出现的"可持续设计""设计生命周期""为美好生活而设计"等关键信息，促使设计者开始思考设计背后的"真正"问题与核心精神。

方老师认为只有深层次地洞察人类需求，才能构建出设计问题的内在逻辑架构。他从设计创新的多个维度中分享了对设计"普适性"与"特殊性"的思辨。最后，方老师从更宏观的角度指出："从伦理维度解释设计创新是对人性的体察和对生而仁人善意的展现"。

中国工业设计的发展方略

——设计逻辑是认知"中国方案"的创新思维方式

柳冠中

清华大学美术学院责任教授
中国工业设计协会副理事长

"

各位同学，早上好！非常高兴今天有这个机会与大家进行分享。

自中央工艺美术学院并入清华大学以后，我们的人才培养目标始终非常清晰，即为清华大学培养引领未来方向的优秀人才。在清华大学艺术与科学研究中心成立以后，我便主张成立设计战略与原型创新研究所。这个研究所会对社会发展起到哪些作用呢？**首先，设计战略研究要为中国工业设计发展指引方向，提出目标。其次，设计讲求落地性，这便是原型创新研究的主要原则。**

20 世纪 50 年代，我在高中时候听到的口号是："造船不如买船，买船不如租船"，这个思想受到当时社会局势的影响。然而，70 年过去了，我们那一代人脑子里已经形成了一个非常固定的模式，过于强调性价比导致放弃了创新，所以，从"0"到"1"的创造过程才会如此困难。反观今天，我们可以做出非常精致且价格便宜的产品，也经常打造出市场爆品。商家和大众都在追求爆品，然而，作为清华美院培养的人才，我们不能随波逐流。

十几年前，中国也开始注重"设计思维"，于是引进很多外国学者讲学，并按照国外的思维逻辑执行设计任务。模仿最终又形成了套路，不管是斯坦福还是苹果，按照他们的思路去做设计，永远没办法实现真正的设计创新，因为，**基于模仿的设计只能成为他们的补充，所以，我们必须思考设计思维背后的逻辑。**这个逻辑可以根据中国的情况，可以根据现在具体的项目情况而进行调整，于是，我们开始创造自己的思维方式，逐步跳出套路。举个例子，今天如果开一个庆典的话，桌子上摆满了鲜花，第二天就蔫了，但是花店的花为什么总是新鲜的，而且不断有新品种。究其原因是因为花店有花匠、有花田、有专门做培育新品种的人，而盛典只有摆设，不具备培养花的能力。这就是中国设计教育必须要跨过的坎，我们要经历思的转型。

"中国方案"提出了将近 20 年，那么，到底什么是中国方案？我们能够清晰解释吗？纵观人类进化历史，人们在不断劳动当中改造客观世界，同时，主观世界也得到了改造。人们不断产生新的认识、发现新的问题，进而再去改造客观世界，这个循环往复的过程使人类能够进化到今天。面向未来，中国方案将面临新的机遇和挑战，例如，当我们接触到 AIGC，这好比原始人发明了工具或者十八世纪出现工业革命一样，即便这让人们面对新的挑战，但这也只是改造世界的周期性活动而已。

接下来，我们思索一下人对世界的认知方式，现在许多设计注重体验，我个人反对这个说法。体验是什么？是身体的体验，还是四肢、感官的体验？然而对外部世界的体验，我们的眼睛不如老鹰，鼻子不如狗，**之所以我们比动物强大不是因为感官或四肢，而是因为我们拥有能够思考的头脑，更为关键的是我们有良知，这构成了人和动物的本质差别**。而单纯凭借体验，只能跟在外部环境后面走。然而，我们必须清楚，思考是人类跟动物最大的区别，只有经历思考才知道如何改造世界和格式化世界。

奥运会有两千多年的历史，在春秋战国之前的西周，世界就开始举办奥运会，奥运会强调的法则是："更高、更快、更强"，然而，这是弱肉强食的法则，也是人类进化到现在一直犯的错误，强化竞争、"你死我活"、强者为王，这种文明一直延续到现在社会终于有了改变，即团结与共同发展。这个全新口号是人类未来的目标，也是人类在思考中形成的新方向，所为我们必须学会思考。

人对"物"或者"技术"产品的使用是否得心应手，也需要以我们的目标、我们的心、我们的共情能力来判断产品设计或者使用模式，而不是技术至上。因为，技术永远是工具，永远是被选择、被组织、被使用的。如果未来我们的目标是人类共同发展和延续，那么，人类的可持续发展不可能一家独大，或者称霸地球。**我们强调的人类命运共同体核心是共赢**。中国传统哲学提出的"一叶知秋"，就是教导我们要通过微观事物，看到整个系统。

200 多年前，瑞士生物学家贝塔朗菲早就揭示这个世界的真相，这个世界是一个完整的系统，离开系统结构的元素是毫无意义的。可惜大家只关心眼前的元素，所有学科关注的都是元素，所有高校培养人才只关注元素的发

1 | 2　图 1　奥运五环

3　　　图 2　眼界、格局与观念的重要性

图 3　贝塔朗菲与一般系统论

展，所谓"一叶知秋"的"秋"是系统，"叶子"只是元素。

我们现在已经在信息时代了，对工业革命的理解又有多少呢？中国有两千多年的历史处于手工业时代，也称为小农经济时代，我们的评价体系、审美原则受这样的时代背景影响深刻。工业革命是靠系统的力量，而不是靠看得见、摸得着的力量。设计史中会提到英国的手工业革命，工业革命以后出现了新艺术与手工艺运动，当时的人们把它叫作进步，是对机器的反抗。其实这是"反潮"。机器、大革命、工业产值带来的不只是我们眼睛看到的大批量流水线，这是现象。在生产之前，一个产品涵盖几十个零部件、几百道工序，严格按照图纸标准去做，几百道工序、几十个人就能制造出大量合规产品，这是事前干预。

而事前干预就是设计。在工厂里图纸是命令，图纸标注的是对这件产品的理解，把它分解成每个零部件、每一道工序，这就是工业设计的本质。工业设计变革是因为生产关系的改变，而不是技术，有了新的生产关系才会出现新的技术，进而引发技术的迭代。所以，生产方式与设计创造力紧密关联，设计绝对不是简单的造型和技术。再来看，建筑设计、环艺设计、平面设计、包装设计、服装设计，大家想想为什么都有"设计"两个字，前缀只是工作对象。我们为什么强调艺科融合？就是我们被分化了，被职业引错路了，忘掉了设计是什么。**设计是一个整合，是事前干预，只有事前干预才能够做到标准化，才能做到模式化、模具化，才可以大批量服务大众，而服务大众是人类社会的一大革命进步。**

1984 年，中央工艺美术学院建立工业设计系，我提出**工业设计是创造更合理、更健康的生存方式**。现在大家都承认设计是创造生活方式，但并没有真的理解生活方式，设计难就难在在矛盾当中求得和谐统一，在矛盾当中求得了适合，这就是设计最重要的一点。此外，设计关注整体系统利益，因为设计是整合交叉的学科。

1987 年，我提出四品说，即产品、商品、用品和废品。任何一个产品，

图 4　设计的四品说

为什么在工厂里叫产品？因为它主要解决制造的矛盾，所以在流水线上被叫作产品。例如，杯子出厂不是目的，放到商场叫商品，它的评价标准是流通、好卖、多挣钱，它是一个商品。商品卖到家里边，家里人能用把它叫作用品，用品要解决矛盾，要安全，要绝对保证健康，它又是另一个评价体系，现在我们还要求扔在垃圾回收箱里再利用。设计有四大限制，即能制造、能流通、能使用、能回收。**整个社会系统离不开制造、流通、使用、回收，而设计是要找到解决方案。所以，设计是做指挥与协调的工作。**

现在强调文、理、工、商四大学科中的理科重要，但理科仅仅是发现、解释真理的学科，要有工科去解构、建构、建造，理科离不开工科。文科用于发现事物，比如 ChatGPT，发现的目的是判断这将对未来人类的道德、认知构成哪些影响。艺术是品鉴自然、人生、社会的途径，知道这个世界是丰富的，选择有很多可能性，而设计是一门具有系统性的交叉学科，设计要做事，做事必须清醒。人类必须清醒地知道真理是什么，在这个机制上去建造，让社会能够稳步地可持续发展。

我一直以学习设计而感到非常自豪，设计的远景不仅是一级学科，它未来必然是一个门类，而这个门类是所有的学科都要学的，设计所学的不是技巧，而是方向。十几年前，我提出**设计是人类未来不被毁灭的第三种智慧**。人类智慧现在叫科学艺术，大家想想科学艺术诞生之前是什么？设计是人类与生俱来的智慧，把设想变成计划实施，而不是跟随大自然，要改造实践，要再格式化，这是人和动物的最大差别。

工业设计是工业时代以来对一切事物再次进行格式化的思维逻辑。设计是对周围环境按照人类的发展需求而进行的可持续规划。

我们该做什么？因为职业或者学科的分工，使我们缺乏对全流程系统的设计认知，只从某一个狭隘的角度"门缝看人"，把设计看扁了。现在的世界是信息时代，我们越来越学不到真正的知识，因为知识太多了，忘掉了知识之间的关系，没有关系的知识只是包袱，就像你只长了一身赘肉，走路都走不了，所以，人必须有脊梁骨，有了脊梁骨才能够变得强壮。因此，**知识要建立系统，系统便是逻辑**。

现在的教育中，文史哲和数理化是分开的，理科、工科和文科几乎不相往来，这就使搞哲学研究的人绝大部分对自然科学是陌生的。我们必须要掌握世界发展的规律，而不是那点技巧。在信息海洋当中，获取知识已经不是问题，鉴别和组织知识才是大学四年应该学的。老师给你布置的设计题目或者你这个课程、学科教程，它不是目的，它只是一个载体，是通过课程、作业教你洞察背后的东西，你到社会上就能具备自己找知识、自己组织知识的能力。

设计需要物境，当你脑子里有意境，才能把周围的因素组织起来形成一个情境，让消费者达到共情。中国传统文化的精神不是具体事物，而是其背后的内涵。我们看到中国文化现象背后是知足不辱、知止不殆、知足常乐、适可而止。中国的传统哲学强调取之有度、用之有节。为什么要讲四君子？为什么大家喜欢竹子？因为它有节，这才是我们真正要知道的古人的思想境界。大家一定要清楚，时尚、奢华不是中华文化的传统。

虽然中国地域辽阔，但中国各地区因地形地貌、环境气候、产业布局等因素的影响导致经济发展不平衡。我们历史悠久，有五千多年的文化，这其中也有糟粕，我们一定要分清哪些是糟粕。我们经济发展不平衡，虽然我们国家工业门类齐全，但是我们面临的挑战是世界上绝无仅有的，我们必须清醒。

我在十几年前提出**设计的终极目标不是占有，不是霸权，是提倡使用，不鼓励占有，这是中国经济发展的道路，分享型的社会对世界是有意义的。**

每一个文明在初期都是"有神论"，唯独中国的文明不畏惧神，勇于抗争，不怕输，中国就是这个传统，我们要把这个精神挖掘出来。

大家一定要清醒，人类在近几十年过上了一种极其肤浅的所谓"富裕""快乐"的"消费至上"的生活，这种生活最大的害处是让人丧失了历史感，成为了及时行乐的行尸走肉，人类整个文明被西方的所谓商业文明带到这一条大道上来了。我们必须清醒，在不间断文明的积淀中，我们知道从哪来到哪去，才不会成为大浪淘沙的碎片。

中国可持续发展怎么办？14亿人的可持续发展绝对不允许两极分化。设计最坚实的道德基准线是不能仅仅跟随市场，要去引导市场，关注的是"need"，不是"want"。**我们一定要清醒设计最后的宗旨，是定义需求，引领需求，创造需求，而不只是满足需求。**

设计是无言的服务，无声的命令，在你感觉舒适的时候，引导端正消费观念，这是设计的境界。设计的根本目的是创造性地解决问题，绝对不是在原有的解决问题方式上去做第二步、第三步、第五步，是创造性地解决今天问题，就是换道超越，换一个游戏规则，换一个赛道，同时要提出未来的愿景。

十几年前我们访问海尔，海尔的老总张瑞敏非常自豪地说："全世界都有海尔的销售网点，全世界三大白电的国际标准，海尔是主要的参与者，美国设计师给我们设计空调，日本设计师给我们设计冰箱，德国设计师被请来设计中国的洗衣机。外国人给我打工，很骄傲。"我当时只是回了一句："张总，难道再过三五十年，你还做冰箱、洗衣机、空调吗？"这一句话把他点醒了，他说："我现在最苦恼的是拿不出颠覆性的产品。"

1985 年，我们给华为做设计，当时任正非跟张总一样非常自豪，说："现在华为招工要求必须是大学生，全世界所有通信技术几乎都引进了，全国学通信技术的博士、硕士很多都被我们招进来了。我现在有资金、有市场，下一步该怎么办？"我说："任总，人要通信跟技术没关系，不同人群要通信是干什么？是开会议，是传输数据，是要图文并茂的信息。特定的人有特定的目的，但是被所处的环境、时间和条件限制。如果把这些限制用坐标轴建立起来，做排列组合，这不就是设计定位吗？你的资源、市场定个十年、二十年的研究计划，这不就是基础研究吗？而我们现在做的全是应用研究，拿外国的技术满足所谓看到的市场和需求。"

20 世纪末在日本的一次设计竞赛中，获得金奖的作品是一个用铝微合金做的电子机壳，肯定比塑料的贵，但它获得了金奖，为什么？因为当时强调绿色。在这个背景下，日本的松下洗衣机设计部专员讲到 21 世纪洗衣机将会是怎么样的，讲得非常精彩，掌声不断。会议的主持人是东京的材料领域的教授，他说："柳先生，你从中国来，你们中国的洗衣机到 21 世纪会有什么变化？"他给我出难题，我又不是海尔、美的的，但我上来就说："21世纪中国要淘汰洗衣机。"你们想再过一百年还要污染淡水，用这么多的技

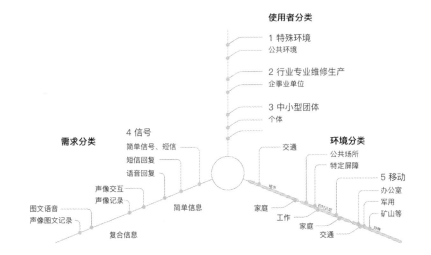

使用者分类

1 特殊环境
公共环境

2 行业专业维修生产
企事业单位

3 中小型团体
个体

4 信号
简单信号、短信
短信回复
语音回复
声像交互
声像记录
图文语音
声像图文记录
复合信息

需求分类

简单信息

交通

家庭
工作
家庭
交通

环境分类

公共场所
特定屏障

5 移动
办公室
军用
矿山等

术还是来洗衣服吗？把话题转给材料领域的专家，我接着说："你是搞材料的，如果在实验室可以用金属做成绸缎一样的织物，金属做的衣服还要洗吗？"他们哑口无言。中国难道不应该有这样的志气吗？我们要的是干净衣服，要的是食物保鲜，要的是空气清新，它的技术、原理可以有多种，为什么不能走出一条近几百年来没有的道路呢。

中国的文明在哪？我们的贡献在纸张、茶叶，还有什么？难道要一成不变吗？回过头来思考设计的逻辑，什么是家？什么是厨房？厨房绝对不是高功率的排烟机，不是奢华的冰箱，而是家人放松的空间。在厨房的时间应该成为一家人团聚、沟通、欢聚的快乐时光，这个时间、空间对家庭来说是非常重要的，而不是我们看到的奢华的高端技术。设计的目标不是厨房，也不是高端的技术，而是其乐融融的情境，这才是我们的目的。

1993 年的时候我组织本科生做这样的题目——移动住宅。毕业的学生面临买房子的问题，我想车可以满足这个需求，白天开车去上班，去谈判，晚上回来车停在楼下。通过建筑外部的电梯，将车运送至对应住宅的楼层，人们在里边洗澡、做饭、休息，第二天下去工作，这就是移动住宅的初期构想，现在美国的斯坦福就在做这样的项目。

二十世纪末，在北京的一次大会中，我拿出一个作品来展览，大家都笑我说柳老师，你拿的是什么东西。我当时经常出差到广州、深圳，飞机三个小时很快了，需要提前一个钟头到机场，所以机场就像一个小城市，必须有各种生活设施。飞机是高效率的，但是往返机场我觉得浪费时间。我提出一个方案，去机场的路上不要打的和坐巴士，而是乘坐一种特殊的运载工具。这个运载工具可以根据当时乘坐的人数，把这一班飞机有多少人统计出来，人多就用两个挂斗，人少就用一个挂斗，而这挂斗就是飞机内舱。"飞机内舱"直接拖到机场停机坪，人们不需要去机场里边的候机室。这个方案拿出来后大家都说，这是不可能的。

第三天，德国航空公司驻北京的总代表和我说："柳老师，如果你这个

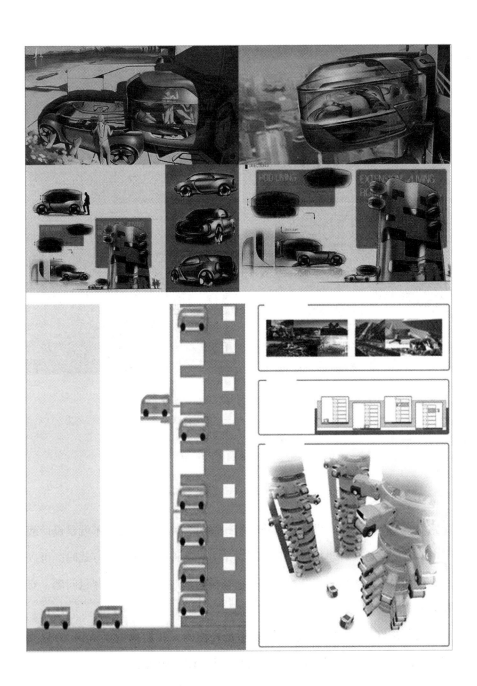

图 8 移动住宅设计

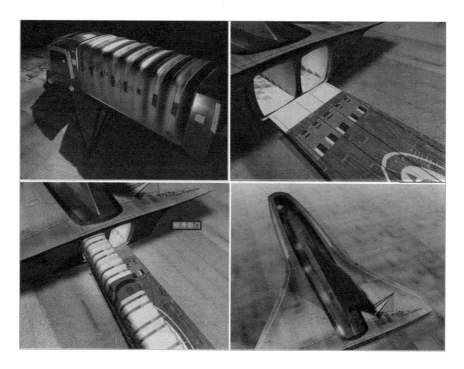

图 9 未来出行工具设计

思路早出来二三十年，世界民航将是另一番风景。"这个思考不就是设计战略吗？不就是另一种思维模式吗？不就是另外一种解决问题的方式吗？可以缩小机场面积，可以节约登机时间，在登机舱里边就可以解决存包问题、安检问题。

我们现在从 0 到 1 的东西很多都是外国的，我们只做了 1 到 100、1 到 1000，解决挣钱的问题，却缺乏从 0 开始创新的决心。产业被卡脖子实际上是其核心被卡住了，大家想是卡脖子吗？是脑子被卡住了。

北宋张载说过："为天地立心，为生民立命，为往圣继绝学，为万世开太平。"知识分子都知道这句话。我们为什么为往圣继绝学，我们是学往圣，创绝学，走出前无古人的道路。我们走的道路绝对不能沉溺于引进模仿了，要强调原始创新，强调知识创新。

共享和使用不是占有，这都属于价值意识的范畴，而这是中国唯一的道路。我们不是只有一千万人，不然我们走不出这条道路来，所以**中国方案的产业创新体系突破是要靠制度和观念，我们应该发展出中国的新思维和中国的价值观**。设计的目标不能仅仅是人类的感官、肢体所能感知的产品，要有技术、工具整合的目标，要结合生存的真正需求，也是中央工艺美院曾经提出的口号：衣食住行。中央工艺美术的这个口号是非常了不起的，前辈们非常有远见，衣食住行是中国的初心。

工业革命开创了一个新时代，工业设计正是这个大生产革命创新时代生产关系的结晶，所以工业设计的核心是工业革命以来的设计观念，所有的设计都与工业革命有关。工业革命带来了大生产、批量化，功利化的市场经济迅速地发掘了这一个苗头，它可以满足个体对于物欲的追求，所以大力提倡消费，从而孕育出所谓的新价值观，商业文明就在这个基础上诞生，它为推销、逐利、霸占资源而生产。这种商业文明已经成为推动当今世界发展的动力了，我们也被裹胁了。工业设计的本质是创造人类公平的生存方式，却被商业文明异化掉了。我们丢掉了工业设计的本质，看不到工业革命带来本质的进步，我们光想着1.0、2.0、3.0、4.0，这些只是现象，背后代表的是人类文明的进步，不是技术的进步，而我们往往把技术放在第一位。

黑格尔说过，人类从历史中学到了唯一的教训，就是人类从来没有在历史当中汲取过任何教训。因为我们一直延续资源竞争的文明形态，处于弱肉强食的丛林法则当中。这个文明没有被更高级的文明取代之前，人类竞争是无法避免的，现代社会就是如此。"胜者王侯，败者寇"这个逻辑一直延续到现在。当前，我们的设计重效益，轻基础研究，被利润左右。一级学科的设计学理论体系和结构层次不清晰，尾随西方亦步亦趋，弱化了学科顶层战略。

　　研究设计方法论应该向人类社会不被毁灭的智慧认知论的认知逻辑方向**转变，必须创造更加有创新意义、为众生谋福利、提倡使用、不鼓励占有的新产业，这才是中国方案**，并推广以此为蓝本的人类命运共同体的理论方法和实践，这是前无古人的一条道路，需要几代人为之努力，中国才可能自立于民族之林。但这个认知没有被重视，这是学科建设的失误。

　　我们都说"道"和"技"的差别，技术、美术都是技，道是知识体系，是学科建设。中国方案的产业创新体系突破是要靠价值观、制度、认知逻辑来提供，我们如果建立这个逻辑的话，就不会按照西方商业文明的逻辑走，应该发挥中国的设计逻辑，以及它的新的战略和设计方法论。世界同处一个地球，东西方在竞争博弈当中有没有可能共谋人类未来世界大同，来构建替代商业文明的人类命运共同体。

　　我们都在学习西方的认识论，中国早就有认识论，我们忽略了，第一层次是现象，就是观察，观察不是再现，不是吹笛子吹的鸟叫来，我们必须通过体验以后要知其然，这是最低层次的认知论。第二层次是理解、分析、消化，比如分析美学，画的不再是像不像了，而是把精神表现出来，用色彩表达，而不是形象，这是抽象艺术的本质，它的进步在此，是格物致知，找到规律。格物致知了，知其所以然了，必须付诸行动，必须表达你的见解，必须付诸反馈于社会，这就是正反馈，在致知情况下致志，就是我们所说的觉悟。觉悟是你觉得获取知识的目的不是买房子、买车、发财，而是要解决社会进步，这就是再格物的过程，知其然，知其所以然之后使其然。**方法论不是方法的大成，不是方法的工具箱，而是讨论方法，组织方法，创造方法，否定方法，这便是方法论**。大家论文里边都写方法论，你真懂得方法论吗？不是工具，这就是我说的设计学方法论。

　　大家都知道"观念大于技能"这句话，但在实际当中却忽略了。无形大于有形，大象无形，大音希声，我们都知道，但不一定理解。我们讲究实事求是，实事求是是事理学方法论最核心的东西，我把事弄清楚了，再去求是。

现在大家关注的都是内因，所谓的工科、艺术类讲的都是内因。例如，你是学理工的，你讲的是原理、构造、结构和装备。而我是学美术的，我关注的是造型、风格和品牌。我们现在要创新，必须创造一个全新的东西，先研究外因，研究透了以后去创造内因，这才可能创新，才能走出一条中国的道路，这就是目标定位。

"事理学"讲的是实事求是，事是塑造、限定、制约物的外部因素，研究外部因素要颠覆过去的方式，设计首先探索的是不同的人。甚至同一个人，由于环境、条件、时间不同，他的需求并不一样。设计是讲故事，编故事不是为了形式，把整个事理清楚才能够清醒，物只是道具。设计表面是在造物，实际是在叙事，是在讲理，是在疏解，而过去的设计颠倒过来了，我们只做墨、只做技，忘掉了道，忘掉了本，所以中国的设计并没有真正找到发展的道路。

我们坚信文化遗产的保护是在坚守民族自信，但文化遗产的活化才是未来民族自信的基础。活化要有土壤，要能扎根、发芽、开花、结果，要创造新元素、新文化。再过几百年中国的文化不能再说唐宋了，必须清醒，学艺术，学历史，学设计，目的一定要创新，我们对创新的理解并不准确。一个时代的价值观念是这个时代的经济基础、社会意识、文化艺术的集中反映。昨天对于今天，昨天是传统；今天对于明天，今天也是传统。推陈出新是必然的规律。

中国特色的设计方法论早就有，人法地，地法天，天法道，道法自然。顺其自然、师法造化、实事求是、审时度势都是要适应外因。

所谓物或产品或技术只是一个工具，而不是人类未来社会的价值本身，只有通过逻辑提升自己的认知，再进一步提升自己的价值，才是未来人类的立足之本。世界正经历着变局，教育也将发生一场翻天覆地的变化。现在人类未来的挑战不是经济危机，不是人工智能，而是主动地迎接外界的变化，在外因基础上找到自己认知世界的方法论。教育的责任就在此，要培养学生

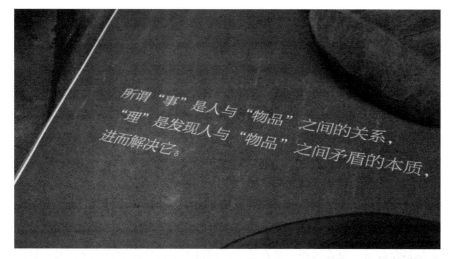

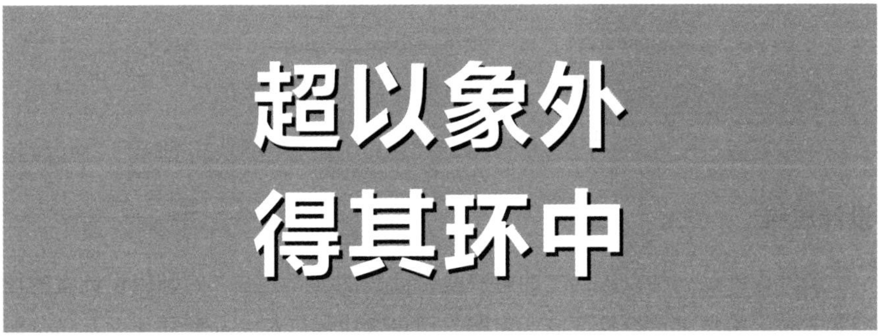

超以象外
得其环中

图 12　设计之外才见真正的设计

应对未来的能力，在未来当中能找到一个方向。

教育的目的是育人，要让一棵树摇动一片树林，让一朵云推动一片云，让一个灵魂唤醒众生的灵魂。我一直**提倡使用，不鼓励占有，师法造化，实事求是，用外因去定义适度的内因，提倡产业设计，强调文化自信，构建分享型的社会设计**。有心才能画圆，画圆必须要有圆规，有心。用锅盖画圆是死的，没有灵魂。有了圆心，半径大，你画大圆，半径是三维的话，你可以画球，当半径是多维的话，你可以认识宇宙了，这不就是教育的责任吗？艺术家从自己的角度看世界，科学家是见天地，找规律的，而设计师是在这两个肩膀上为众生谋福利，这便是设计的价值，这也是清华大学开展设计教学的目标，同样是我们未来发展的战略。

有了强大信仰的底线，即圆心和修为半径，对这个世界的认知、悟性、包容性就会提升。坚持原则看似简单，其实很难，要有定力。集中正念是唤醒人类灵魂的伴侣，也需要笔直的脊梁和正直的灵魂，同心若金，攻错若石，虽然艰难，但必须执行。最后借用苏轼的一句诗的内涵，你在庐山不识庐山真面目，你只是个井底之蛙，只有跳出庐山去泰山、黄山，你才有资格评价庐山。在现象之外的是核心，设计之外的才是设计。

这样的话，中国设计未来会更好。谢谢大家！

"

知识拓展

设计思维

设计思维是一种以人为本的解决复杂问题的创新方法，它利用设计者的理解和方法，将技术可行性、商业策略与用户需求相匹配，从而转化为客户价值和市场机会。作为一种思维的方式，它被普遍认为能有效地帮助使用者综合处理问题，理解问题产生的背景，催生洞察力及解决方法，并能够理性地分析和找出最合适的解决方案。

在当代设计、工程技术，以及商业活动和管理学等方面，设计思维已成为流行词汇之一，它还可以更广泛地应用于描述某种独特的"在行动中进行创意思考"的方式，在21世纪的教育及培训领域中有着越来越大的影响。

设计思维的体验学习，是通过理解设计师们处理问题的角度，了解设计师们为解决问题所用的构思方法和过程，来让个人乃至整个组织更好地连接和激发创新的构思，从而达到更高的创新水平，以期在当今竞争激烈的全球经济环境中建立独特优势。

消费需求

消费需求是指消费者在某一时期内，按照某一价格愿意并且能够购买的该商品或劳务的数量和品质。与人类的欲望不同，需求要受到购买力的限制，它反映了人们关于有限的资源满足哪些欲望的决策。随着人们购买力的提升，消费需求的广度和深度都将发生变化，即原本仅具有货币支付能力的潜在需求，会随着购买力的提升和消费意愿的加强，逐步转变为现实的消费需求。

购买力的提升是社会经济发展到一定阶段的客观产物。而消费意愿的加强，却需要有一个催生的过程。这在传统的适应市场的理念下，会经过较长时间的催化，有时甚至阻碍了消费意愿的加强。但是，如果企业能够主动地创造需求，就会加速这一过程的发展。这对于企业而言是把握了潜在市场，而对于消费者而言则是潜在需求的满足和生活质量的提高。

AIGC

生成式人工智能（Artificial Intelligence Generated Content, AIGC），是指基于生成对抗网络、大型预训练模型等人工智能的技术方法，通过已有数据的学习和识别，以适当的泛化能力生成相关内容的技术。AIGC技术的核心思想是利用人工智能算法生成具有一定创意和质量的内容。通过训练模型和大量数据的学习，AIGC可以根据输入的条件或指导，生成与之相关的内容。例如，通过输入关键词、描述或样本，AIGC可以生成与之相匹配的文章、图像、音频等。

工业4.0

工业4.0（Industry 4.0）是基于工业发展的不同阶段做出的划分。按照共识，工业1.0是蒸汽机时代，工业2.0是电气化时代，工业3.0是信息化时代，工业4.0则是利用信息化技术促进产业变革的时代，也就是智能化时代。工业4.0的概念最早出现在德国，2013年的汉诺威工业博览会上正式推出，其核心目的是为了提高德国工业的竞争力，在新一轮工业革命中占领先机。

艺术与手工艺运动

艺术与手工艺运动发源于19世纪晚期的英国。这一运动的基本思想来自艺术批评家、作家约翰·拉斯金（John Ruskin）和艺术家威廉·莫里斯（William Morris），他们对机械和工业资本主义有着共同的不信任感，倡导"人造、人享、制造者与使用者同乐"的艺术。这场运动的成员致力于为人们创作出既有高度审美价值又实用的物品，他们所倡导的风格以自然形式为基础，通常由重复的几何图案或者花卉图案构成。这一运动也催生了许多致力于推动这一理想的行会、作坊和学校等。

贝塔朗菲与一般系统论

20 世纪 40 年代，生物学家贝塔朗菲创立了一般系统论（简称系统论），旨在研究不同学科领域中研究的各种不同系统所服从的共同原理与规律——一般系统原理与规律。它与控制论和信息论一起被誉为"三论"，对现代科学技术的发展产生了深远的影响。半个多世纪以来，系统论一直是一个引人注目的研究领域，国内外许多优秀的科学家为发展系统论进行了不懈的努力，旨在把系统论发展到具有精确的理论内容并且能够有效解决实际系统问题的高度。但是，系统论研究没有取得有意义的突破，一直只处于对一般系统思想和概念的阐发阶段。

事理学方法论

《事理学方法论》是清华大学首批文科资深教授柳冠中的经典代表作。本书通过简要、深刻的文字，清晰、严谨的图表，解决了设计是什么，设计解决什么问题以及如何设计的困惑。

"事理学"是柳冠中先生提出的有别于西方的设计理论，它赶超了现代设计的"功能论""生活方式说"等在设计历史上产生过重要影响的思想，而将设计问题与中国哲学的思辨结合起来，是探索设计造物的"事""理"关系并应用于设计，尤其是复杂产品设计和系统的社会设计问题解决的重要理论，提出以来，在国内外学术界都有广泛影响。所谓"事"是人与"物品"之间的关系，"理"是发现人与"物品"之间矛盾的本质，进而解决它。"事理学"打破原有的设计思维桎梏，提供一种研究问题的方法，透过现象看本质。

设计竞争进阶

——信息的意义与呈现

方晓风

清华大学美术学院副院长

《装饰》杂志主编

"

非常高兴有机会跟大家做一个交流，前面柳冠中老师对商业文明的批判观点我认为是有意义的，然而，商业是一个比较中性的概念，具有两面性。从本质上讲，**商业是物质交换的方式**，因此，商业文明的优势在于对资源的分配较为高效与相对公平，设想一下，如果改用权力分配资源，那后果是非常可怕的。

当我们谈论设计竞争的时候，商业文明是不可回避的。为什么不可回避呢？这跟我今天主旨报告的标题有关，因为**设计竞争的背后是商业竞争**，设计在很大程度上是服务于商业的。因此，设计的本质便是竞争。

以中国现代设计发展历程为例，作为设计者我们都了解中国的现代设计是什么时候起步的，计划经济时代确实也有设计，但是不能为设计提供充足的发育条件，后来改革开放才为设计发展提供了新的契机。中国的商业竞争初期，桑塔纳汽车在市场普及率很高，最早的桑塔纳价格在30万人民币左右，相较之下，当时国内一线城市一套房子才6万～7万元，而桑塔纳汽车将近20年没改过款，这个现象在今天看来是不可思议的。更不可思议的还有解放牌卡车，它的市场销售时间比桑塔纳还长。因此可以看出，在计划经济体制下，在物质不充裕的时代，设计与创新是没有土壤的。

然而，设计为什么要创新？其背后重要的逻辑是跟竞争有关的，中国改革开放之后，商品种类之间的竞争愈加激烈，所以设计的进阶也是商业竞争的进阶，这个观念对于当今社会而言是回避不掉的。

以国际工业设计协会现世界设计组织（World Design Organization，WDO）对设计定义的进阶为例。这个组织从1957年成立到2024年间公布了5次设计的定义，从5个版本的设计定义中，我们可以思考时代发展、商业模式、环境资源与设计之间的关系。

1964年的定义版本其关键词都是围绕产品形式展开的，关联到早期的产品竞争的确多集中在形式层面展开，因此，产品外观是竞争的重要条件。

1　　图1　工业设计第一次定义时期的产品设计案例
2　　图2　工业设计第二次定义时期的产品设计案例

　　由此关联出以下问题，我国的设计与设计教育起步较晚，因此，整个社会对设计的认知很大程度上还停留在外观阶段，纵观大量产品设计创新多停留于表层的形式创新，缺乏对创新的深层次探索。那么，设计将如何往下深入？在第一版的设计定义中我们可以发现设计正在尝试将外观与生产方式和材料功能相互关联。

　　到了第二个版本的设计定义，协会的重心转向定义中的最后一句："它们将产品变成从生产者和消费者双方的观点来看的统一的整体"。由此可见，第二版是对第一版的升级，第一版更多强调产品外观形式与生产者的关系，而第二版强化生产者跟消费者的统一。

　　到了第三个版本的设计定义，我们会发现它与前两个版本的定义有所差异，第三版定义最大的特点采用枚举法，其中包含"就批量生产的工业产品而言，凭借训练、经验及视觉感受而赋予材料、结构、形态、色彩、表面加工以及装饰以新的品质和资格，叫作工业设计。"这段文字是在阐述设计的内容，即作为设计师要从事哪些具体工作。而后半段"根据当时的具体情况，需要工业设计师对包装、宣传、展示、市场开发等问题付出知识和经验。"这个定义显然是为了适应市场趋势而进行的相应调整，通过定义阐明设计师的责任和为了服务市场需要实施的任务。通过观察工业设计的市场趋势会发现设计的边界在不断地拓展，而究其原因还是与市场竞争息息相关。时至今日，许多设计师依然有这样的经历，设计的部分工作是凭借经验和训练帮助甲方或者业主去完善设计策划书，进而增加产品的竞争力。

　　2006 年工业设计的定义又迭代出新的版本，定义的内容更为简洁，我们需要关注的第一个关键词是"系统"。强化系统是因为设计并非单项维度，而是一个系统性的领域。接下来的两个关键词在"物品、过程、服务以及它们的整个生命周期"这句话中，"可持续"与"生命周期"这两个与产品设计密切关联的关键要素也因此进入大众视野。其中，产品的生命周期不仅关注产品的产出，还要包括产品的材料来源、生产过程、使用过程、环境成本等因素，最为关键的是当产品被废弃后对环境造成的影响如何通过设计规划得以解决，这构成了一个复杂的设计体系。

2015 年世界设计组织对工业设计进行第五次定义，这个版本在设计界的争议很大，因为定义中设计师的任务比较模糊，强调"设计是一种策略性解决问题的方案"，"策略"作为定义中的关键词本身就可以是无形的。同时，第五版定义中出现了新的观念："其目的是为引领创新、促进商业发展和为人类提供更美好的生活。"结合当时的社会时代背景分析，设计在解决人们生活、生产中问题的同时，也带来了许多负面问题。在二十世纪五六十年代，各国面临的问题是二战之后如何恢复经济生产，让物质逐渐充裕，在这个过程中，整个社会是非常乐观的，设计也起到了刺激消费、刺激市场的作用。正因如此，大众认为设计的确可以让生活美好，但在不久之后，设计所带来的潜在问题不断浮出水面。

设计者发现设计是一把"双刃剑"，如果此时此刻，所有人停止设计，不再产出新的产品，即便如此这个世界也许也不会变得更加糟糕。因为，许多设计已经解决了基本的需求和体验感受问题，那么，**设计依然不断更新换代的主要推力实际上是商业竞争**。就像椅子设计，现在市面上优良设计的椅子层出不穷，但是大家可以相信永远会有新的椅子被生产出来。究其原因会牵连出人类生存、幸福等复杂命题。

将工业设计的"五次定义"进行梳理，可以看到早期的关键词是"形式属性"，一直到第三版仍然没有太大的变动，但从第四、第五版开始，设计思维出现了重大转型，即强调系统、策略。通过定义梳理与对比希望大家理解**设计学科发生变化的根本原因是对现实社会、市场要求的满足**。

时至今日，设计师将面临更大的挑战，人工智能作为一种工具正在不断自我进化。而大量的科学家和理论家对人工智能叫法是质疑的，质疑的核心是什么是"智能"，所谓人工智能是基于计算的数学模型，而**智能背后更为关键的是对价值走向的判断。因为这将涉及更为复杂的人文、道德等因素。**

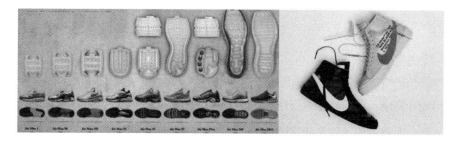

3	图 3 工业设计第三次定义时期的产品设计案例
4	图 4 工业设计第四次定义时期的产品设计案例
5	图 5 工业设计第五次定义时期的产品设计案例

就目前的人工智能来判断，我们更多感受到的是它对已有知识经验的重新组合与混合，这些我今天不打算展开来讲。

要说到"狂人"马斯克，他与人工智能的关联事件非常多，我觉得马斯克的思维方式很值得研究。他做的电动皮卡的设计融入了新的设计思维，而并没有强调传统美观概念。那么，它造型背后的逻辑是什么？了解马斯克的人们都知道他非常重视"第一性原理"，而商业竞争的第一性原理便是成本控制，所以马斯克不停地降价，当大众还在批评他的"恶意降价"时，我们应该意识到能够降价也是一种本事。

大家注意这个汽车设计有别于其他品牌汽车，没有大量地运用曲线，它的外观基本上全是折面，这与材料和加工工艺有关，电动皮卡的设计理念就在于用材最足、加工最少，造型简单，但也可以营造强烈的视觉冲击力。从商业竞争的角度分析，它与竞品不在流线型上面进行竞争，所以讲到如何运用设计思维，这便涉及如何进行产品定义，**如何定义产品的竞争点**。然而，大量企业进行设计定位都是很盲目的，如果找不到竞争点在哪里，而仅根据现有市场的惯性去进行设计，可想而知这样的产品会取得怎样的收益回报。

以前大量的机场广告全是手机广告，这两年少了一点，中国的手机广告全是在告诉消费者产品的指标是什么，例如，"音乐手机""两千万像素的摄像头""能够在二百米外进行拍照"等，然而，苹果手机从来不做这种广告。广告能够深刻反映企业对竞争的理解，企业竞争点会全部反映在广告之中。所以广告设计很有学问，它可以深刻反映企业或者设计师对竞争的看法。

众所周知，特斯拉的蓄电池很厉害，一个热水器大小的蓄电池可以供一栋两百平方米左右的独立住宅使用。而马斯克的厉害之处在于他可以把多件事情一起做并组合起来，进而引发更高程度的创新。从表面来看做的蓄电池是为电车提供能源，但是蓄电池真正的意义在于让我们能够有脱离既有网络的可能。所以，再回过头来看那部电动皮卡，实际上也可以让你脱离现有道路的限制。通过以上案例可以推测的是，**马斯克所有的产品背后更重要的精**

6 　图 6　马斯克的电动皮卡

7 　图 7　马斯克的 Starlink（星链）项目概念示意图

神是自由，即给人更大的自由空间。大家想想看，这是不是**对人性深刻的洞察**。自由是人的最底层需求，如果去定义什么是幸福，那么我认为自由是幸福不可或缺的组成部分。

设计思想很重要的一点就是要把抽象的目标转换成具体的概念和目标，不能让抽象的目标永远是"悬空的"，马斯克意识到了也做到了这一点。与此同时，马斯克给我们的启发是他对未来能源形式的选择，将电作为基本的能源形式是因为电是跟信息化技术最为匹配的能源，我们的信息技术就是建立在电这种能源形式基础上的。

但是电已经不是一种新能源了，所谓的创新是用电驱动的电车，可以预见在2050年以后全世界基本上没有燃油车了，巨大的行业变化可以在全球取得共识，这背后是值得大家深入思考的，因为能源形式的变化会是未来非常大的社会变革基础。越来越多的产品已经显现端倪，由于充电电池的便利性，无线电器的方式不断普及，所以"自由"的意义我相信大家可以有所体会。

信息在今天变成越来越重要的一个概念。2023年在米兰家具展上有一个壁挂织物的产品引起了很多人关注，它的纹样是一段音乐的声波波纹，音乐是杰克逊的一小段舞曲，它受到年轻人的欢迎并且销量很好。

在信息社会的影响下，今天的审美范式也在经历深刻的变化，与以前文雅的装饰不同，今天的**产品信息与消费对象、消费故事密切相关**。

我们之前一直讲信息时代、信息社会，大家对信息到底是什么或者信息的重要性没有太深刻的认知，只是看到了信息技术的普及。**信息技术普及的背后引发很多深刻的变化，一方面它会影响信息化的生产技术**，今天大量的产品是基于信息化生产技术展开的竞争，没有信息化生产技术很多事在之前是不可想象的。**另一方面产品本身的信息承载量发生变化**，首先是产品的信息承载决定着审美方式的变化，像一段音乐的波纹便是一种信息承载，而且关键是信息读取的方式也发生了变化。传统的信息传达可能是通过图案、花

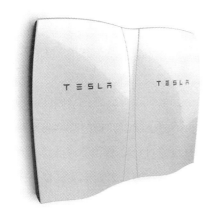

8   图 8 特斯拉的充电产品

9   图 9 音乐的声波波纹状的织物

纹，但是今天它变得更加多元。其次是信息黏度发生了变化，十年前跟企业交流，他们往往处于急迫竞争的心理，企业恨不得在所有产品上面都加上传感器来获取用户数据。今天产品跟信息之间的关联就变得尤其重要了，**产品里面的信息含量将决定它的竞争能力**。

信息这个概念拥有无限的延展性，每个人都可以加以定义，因此信息是无穷的。如果我们要描述一个人的社会身份、健康状况，通过数字建模将获得巨大的信息数据。未来社会的竞争跟信息存储息息相关，科技进步会对信息需求不断增加，在不断加密信息的社会里，事件将具有极大的弹性和不确定性，从设计的角度去看待信息，对信息的审美意识将成为未来的设计机遇。今天我的思考不会非常全面、完整，但是泛信息化的设计思维可能在未来一段时间内会是一个值得思考的话题。

接下来我们进入另一个研究领域——创新，**创新是设计本质性的特征**，从人类历史的经验中思考创新的几种类型，**第一种创新是以任务为导向的经验创新**，这是低级别的创新，它使用的方式是迭代，不是一种颠覆性的、根本性的创新，但它仍然构成了创新非常重要的基础。我们可以看到大量的椅子，都基于一个基本的原形，在原形基础上有大量的细节可以重新定义、调整，目前的人工智能设计也主要集中在这个层级。

图 10 采用以任务为导向的经验创新产生的产品

图 11　基于基本原型的家具设计创新

　　第二种创新是比较重要的，就是跨学科、交叉学科创新，实际上可以统称为"思维嫁接"。最典型的代表人物是美国建筑师理查德·巴克敏斯特·富勒（Richard Buckminster Fuller），他跟其他建筑师都不一样，据说他跟建筑师开会时会问："你知道你的建筑重量是多少吗？"大部分建筑师都回答不出这个问题，这其中意味着他在思考建筑结构的重量，并且他在设计中一直致力于减轻建筑的重量。他的一大贡献是对球形网架的应用，包括早期能够均匀享受日照的"旋转房屋"，可以最大限度地利用能源，即便是今天这些想法依然很前卫。富勒最有名的设计是在蒙特利尔世博会上的美国馆，整个馆在球形网架覆盖之下。据说这个想法是受到啤酒泡沫的启发，啤酒泡沫是一种很轻型的结构。后来，他还提出了一个更大胆的想法，如果这个球形网架的直径足够大，就可以把曼哈顿全部覆盖，它就可以实现小尺度的人工环境。

　　由此可见，仿生学、形态仿生不是基于表面形式的，从肌理层面的仿生也极具启发意义。例如，放大镜下的鲨鱼皮的结构并不光滑，反而非常粗糙，但在水中游动时遇到的阻力却很小。由此，基于鲨鱼皮结构设计的泳装可以有效减少游泳时受到的阻力。

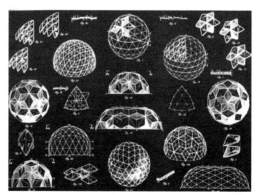

图 12　美国建筑设计师：理查德·巴克敏斯特·富勒

图 13　富勒的球形网架结构

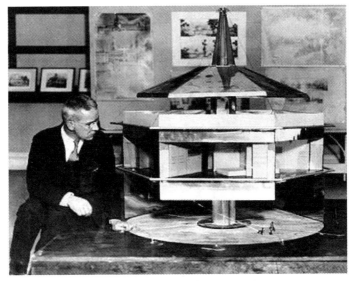

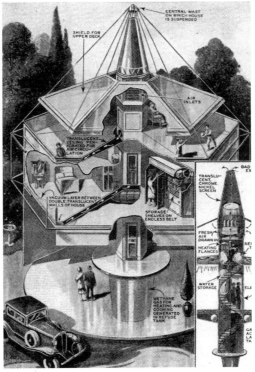

图 14 富勒的"旋转房屋"

图 17　利用空气动力学设计的流线型汽车

　　再有就是利用空气动力学设计的流线型汽车也属于第二种创新。

　　不过汽车发展到了今天也没有完全变成流线型，所以空气动力学并不是汽车设计中的最重要因素。除了技术性的指标，很重要的因素便是文化创新，即**第三种创新：立足文化进行的创新转化**。汽车领域往下发展的重要价值将转向如何通过产品出口进行文化传播。例如，一些国家的汽车特征非常明显。美国车体积宽大、造型夸张，对汽车的能源、油耗限制也比较宽容。而以保时捷为代表的欧洲汽车，通过汽车形象传承经典，对于形态的思考也是基于本国文化的。

18　　图 18　美国汽车设计
19　　图 19　欧洲汽车设计

　　日本建筑师矶崎新曾为中国国家大剧院设计过方案，当年他的方案是建筑圈里很受好评的方案。可以把他的方案跟今天建成的保罗·安德鲁设计的那个方案对比一下，他的方案优秀的地方在于注入了对中国文化的思考。它的形态运用了中国院落的概念，所以空间原型上很有东方韵味，更重要的是除了屋顶形态之外，建筑的柱子和墙体均与环境元素对应，因此，我觉得这个方案从审美上层次更丰富一点，基于文化思考是创新很重要的基点。

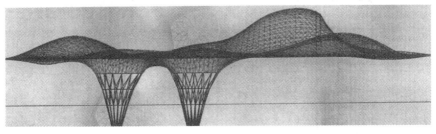

| 20 | 图 20　矶崎新　中国国家大剧院方案 |
| 21 | 图 21　矶崎新　中国国家大剧院方案局部展示 |

　　日本建筑审美有着很深层的内在逻辑，从设计语言上甚至有点"啰唆"，例如，高台寺遗芳庵茶室屋顶用了多种材料，做了多重处理。川端康成的诺贝尔文学奖获奖感言中讲到"暧昧"，他认为日本文化重要的特征就是暧昧，暧昧翻译过来与啰唆、细腻密切相关。

　　我们再来看槇文彦设计的东京螺旋体大厦，从精神上很好地集成了日本文化的特点——啰唆，这幢建筑使用不同的形式语言，而且设计水平也很高，所有元素能够融洽地在一个系统里边安顿下来，这就是日本的文化。而许多设计将符号与文化混为一谈，实际上符号跟文化完全不是一回事。后现代主义盛行时期阿尔多·罗西（Aldo Rossi）设计的圣卡罗公墓，跟欧洲传统文化之间存在着深刻的联系。意大利文明宫也是罗西的经典作品。

图 22　高台寺遗芳庵茶室

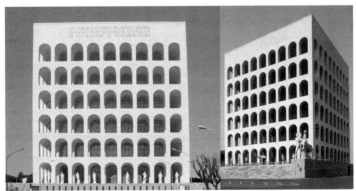

23　图 23　日本建筑师槙文彦设计的东京螺旋体大厦

24　图 24　阿尔多·罗西设计的圣卡罗公墓

25　图 25　阿尔多·罗西设计的意大利文明宫

　　第四种创新以苹果产品为代表，重点在于重新定义问题，并进行整合创新。然而，即便取得了创新也并不意味着苹果品牌没有缺点，苹果的每一次新品发布都会引发一轮争议，但是通过销量印证产品依然能被大众认可。从第一代智能手机开始，苹果做智能手机的时候质疑声音非常大，因为诺基亚和摩托罗拉当时是市场主流，但实际上大家错误地理解了苹果企业的目标。苹果真正要做的事情根本不是卖手机，而是销售智能终端，这让苹果产品跟诺基亚产品之间拉开了竞争维度。诺基亚是手机里面带一点电脑功能，而苹果手机本身就是一部微型电脑。

　　更值得称赞的是苹果的勇气，在第一代 iPhone 推出的时候，产品毅然决然地取消了物理键盘。这在当时引发了不小的争议，而今天没有人再去讨论这个问题，某种程度上讲，大多数人的思维是固化的，真理往往掌握在少数人手中。实际上，苹果能够成功的一个很重要的前提条件是网络技术的成熟和普及，它把大量的功能都集成在产品里边，因此，苹果是在重新定义一个产品，这种"产品"根本不是手机。苹果推出 Apple TV 后小米也都在学它，期望以此构建家庭化的智能终端。但是直接推家庭化的智能终端并不容易，因为消费者已经建立购买电视的习惯，于是苹果利用大家已有的消费习惯去重新定义一个产品，这便是企业的商业设计策略。

　　以同样模式进行设计创新的企业还有特斯拉，虽然特斯拉的第一代车跟传统汽车造型一模一样，其定位是豪华级轿车。考虑到市场消费心理与用户接受度，电动汽车的造型没有做出改变，等到品牌概念普及之后，如今推出的电动卡车就做出大量的颠覆，其企业策略还是很清晰的。

　　无印良品的商业模式也是这一类创新，它实际上就是个百货店和书店。原来百货商店分类是按材料、用途、品类划分的，而无印良品是按用户使用产品的习惯进行划分。例如，与睡觉有关的产品有逻辑性地被摆放在了一起。"MUJI TO GO"跟旅行相关，厨房用品叫"MUJI COOK"。用户在这里依然可以买到锅、手套、铲子，甚至美食书，其背后是一个连续性的用户行为。

26   图 26　采用重新定义问题进行创新整合产生的产品
27   图 27　苹果的产品生态系统

柳冠中老师前面讲到的设计事理学，启发我们将设计思维从具体"物"转向对"事"的思考，无印良品就是围绕事情来组织它的商品销售环境，这是很典型的一个案例。

当然，无印良品的品牌特色与在地文化关系密切，还会做联结市集。所谓市集是把商品跟社交联系在一起，今天的互联网产品也在利用社交。因为社交可以提升大家的品牌黏度，没有品牌黏度竞争便无法展开。今天我们生活在物质充裕的时代，同类可替代产品太多了，在这样环境里企业如何生存和立足是很重要的。

接下来分享一个我个人总结的创新模型，这其实也是围绕前面提到的设计背后很重要的概念——系统。系统可以理解成物理性的实体，比如说，建筑里边有空调系统、上下水系统、照明系统等，而更多时候在谈论的系统是主观定义出来的。举个例子是星座图，这实际上是非常主观，星星之间根本没有连线，因为星星之间的相对位置保持恒定，于是人们就用线把它连起来形成星座。因此，星座图是主观定义的，一是线是假的，二是星星不在同一个平面上。人们主观定义星座图背后的目的，是简化对星空的认知，如果没有星座图，夜间去观察天象是很困难的，满天繁星是很难辨别的。

根据以上的理解我建立了一个简单的**系统定义模型，其中包括要素与要素之间的关系，这便可以构成一个系统。这个模型可以帮助我们来理解创新的路径。如果创新是围绕系统展开，用系统思维来看待创新，可以实施创新的路径有两条，一条是要素创新，即通过要素创新来实现系统创新；另外一条路径是通过关系创新来实现系统创新，将重新建立关系作为实现创新的途径。**其中最典型的案例是共享单车，物理形态的单车本身并没有大的创新空间，但是关系的重建将产品和用户之间的关系进行了重新定义，于是一个新的商业模式便由此产生。

传统的设计强调从调研到创新。然而，调研到底有多重要，据说苹果不重视调研，因为苹果没有市场调研部门，乔布斯本人也不相信调研，他认为

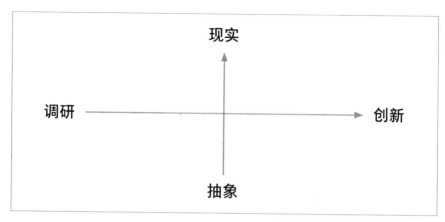

图 30 坐标系模型

自己认可的产品大家都会认可。乔布斯喜欢引用亨利·福特的名言：当汽车没有发明的时候，用户永远不会告诉你他们想要一辆汽车，他们只想要一匹跑得更快的马。从表面上看，用户调研确实没有关联创新，因为用户没有创新的责任。

然而，**调研的目的并不是让用户告诉设计者未来的新产品是什么，调研的价值在于深刻捕捉用户需求，所以从抽象到现实的过程非常重要**。亨利·福特还讲道："用户的确不知道他想要一辆汽车，但是他想要一匹跑得更快的马，你可以把马进行抽象，马便可以抽象成一种移动更快速的事物。"因此，汽车、电动车、滑板、高铁、飞机都有可能成为满足用户需求的事物。

由此连带出来一个很重要的问题，传统的调研模式往往希望用户把需求直接说出来，这种目的本身就是有问题的。我们**通过调研要获取的是用户的一种表述，然后通过用户表述把他真正的需求抽象出来。这个过程也是在建立关系，将调研与方案之间建立逻辑关联，才能为创新提供机遇**。明白了这种关系我们就知道为什么真正的创新很难，**所谓创新需要能够定义用户的真**

正需求，并围绕这一目标去实现它。因此，建议大家把这两个模型结合在一起去使用，这会促进大家去思考如何创新。

设计跟其他学科不一样，我引用阿尔瓦·阿尔托的一句话：**设计永远是一对一地解决问题**。设计一定要关注它的特殊性，这跟设计研究有关，设计研究有时候受理工科的影响，过多关注在对一般性讨论上面，很多人研究设计希望得到原理，得到普世性的理论，然而，设计真正要思考的永远不是这些问题，而是更有针对性地去解决问题，这是人文学科相较其他学科的差异。

德国的哲学家也关注到了文科和理科的区别，例如，物理学多使用律则模式，历史学更多用到个殊模式，因为历史学更多的任务是去解释历史现象为什么会产生，它的进程是什么样，里边有很多人的偶然性的因素，所以每个历史事件都是特别的。但是物理领域里更强调一般性，虽然物理世界里也充满了特殊性，但是理科的工作方法是通过大量试验取平均值的方式把特殊性抹杀掉。然而，文科不能把特殊性抹杀掉，如果没有特殊性恰恰设计创新的机会也就被抹杀掉了。范式革命这个概念也很重要，这个不展开讲了。

从现代社会学研究与现代人类学研究中发现的一个普遍特征是，**研究的起点一般都是从个体入手**，这反而反映了科学严谨的开头方式。从哲学上讲，一般性均来自于对特殊性的总结，**如果一般性不能覆盖特殊性的话，那么一般性就不成立了**。反过来讲，如果没有对特殊性充分的理解，那么，得到的一般性结论将是非常可疑的。

人文学科非常强调知识的特殊性，强调地方知识与文化概念。《文化的解释》一书中写道："文化就是这样一些由人自己编制的意义之网，因此，对文化的分析不是一种寻求规律的实验科学，而是一种探求意义的解释科学，我追求的析解，即分析解释表面上神秘莫测的社会表达。"其中最后一句话很值得深思，这引发对归纳法使用的思辨，真正的归纳法不是越过个体进行概括，而是在个案中进行概括。如果越过个体进行概括，归纳法就变成了演绎法，这在研究方法上非常值得重视。

31   图 31 阿尔瓦·阿尔托的设计作品

32   图 32 美国某城市的系列公交站设计

图 33 《时代》周刊的系列封面设计

　　一般来说公交站会使用一种通用系统，而美国的某个城市的每个站都是不一样的，基于基本框架又能够跟环境相融合，这便是好的设计。这个案例就在一个很简单的框架里面实现设计的特殊性，**通过特殊性实现了设计的丰富性，体现了设计对文化的尊重。**

　　美国《时代》周刊的系列封面设计给我们强烈的规则感，对象不同、事件不同，具体的策略也是不一样的，这便是高明的设计。

　　有一年去米兰设计周，英国皇家艺术学院摊位上面的一句口号是："so much nothing to do！"翻译过来就是太多的无事可干。那里的学生很敏感，他们已经意识到设计如果只是一种跟消费相关的，或者刺激消费的工具，那么设计就没有意义了，所以他们也在寻求设计深层的意义到底是什么。

　　最后分享一些近些年来令我印象深刻的学生作业。有一次去纽约的视觉艺术学院听课，最后一堂课老师介绍学生作业时提到了一名学生的作品，是视觉传达基础课上学生设计的 App，这个 App 可以告诉你不同时间在纽约的什么地方能晒到太阳。当时听到这个题目很有感慨，这个选题很有地方性特色，因为如果不是纽约一般也没有这个需求。另外一方面，我觉得学生能把晒太阳作为一个需求点，说明这背后是对人性、对生活有比较深刻的认识。同时，学生做得很认真，纽约建筑物都有市政模型，日照轨迹也都有科学模型，所以阴影怎么走他都算出来了，此外，他还把核心区域的街道都走了一遍，他会告诉你哪个街角有咖啡馆，咖啡馆靠窗的座位在哪里，哪个公园在什么位置有座椅等。

有一年在米兰设计周，一个日本学生的作业叫"Rust Harvest"（锈的丰收）。他做了一个装置，专门让金属产生锈斑、锈迹，然后他浇亚克力进去把锈迹提取出来，让锈迹本身成为一种装饰材料。这是比较基础性的研究，并且把基本技术原理自己都解决了，这跟我们的设计教育还是有很大不同的。

还有一个法国青年孵化项目的获奖作品，学生做了一把可以快递的椅子，整个椅子由织物布片构成，椅子边上有个黑色阀门，阀门一打开里面是接触空气以后发泡的发泡剂，发泡之后可以将结构支撑起来，一个小时硬化形成一把椅子。这个椅子的确给人启发，因为他的设计思路是不一样的，为工业材料找到了一个新的应用场景，发泡剂本来是一种常规工业材料，但学生在设计语境中将材料引入进日常领域、进入到民用市场。在商业竞争上来分析，一个工业级别的产品跟一个民用级别的产品是很不一样的，它意味着完全不同的市场规模。

意大利的一家玻璃厂商尝试将设计与信息化技术相关联，在信息化技术支撑下做出可以模仿任何其他材料的新材质，例如用玻璃做成的石头，也可以做成装饰性纹样跟日常产品去衔接。未来国内对材料基础层面和基于审美的研发也会不断增加。另外一家厂商是做铜的材料创意，他们不断地拓展产品的应用场景，这也很值得学习。

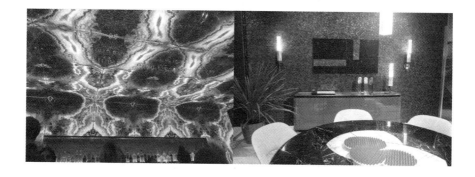

除了以上的知识点，**设计创新还有一个很重要的维度——伦理的维度**。我 2022 年去英国考察，朋友介绍我去当地的肖像博物馆。去了发现博物馆正在施工，但是周围的施工围挡把博物馆藏品的内容做了陈列，很多博物馆的收藏也放在了围挡上，并且名字进行了改写：National Portrait Gallery 换成 National Portrait Street。这让我很感动，因为这是一个很贴心的设计，因为它能够理解游客、访客的那种遗憾的心理，这就是人性的一种体察。

在我看来，**设计非常重要的一点是要体现出对人的善意，善意的表达也是永远需要的。我们所司空见惯的口号"给人更美好的生活"过于宏大和标语化了，其背后需要无数微小的善意去支撑。**

谢谢大家的聆听！

图 40　肖像博物馆的施工围挡设计

知识拓展

世界设计组织

世界设计组织原名为国际工业设计协会，成立于1957年，是非盈利、非政府的组织，目的是促进国际各成员组织的工业设计合作交往，组织国际会议、讲座和展览等活动。

世界设计之都

世界设计之都（World Design Capital）的概念由世界设计组织提出，旨在通过选出具有代表性的城市及一系列的相关促进活动，让设计的重要性与意义更加为人们所知，并在社会的发展进程中扮演积极的推动者角色。

第一性原理

第一性原理（the First Principle Thinking），指的是某些硬性规定或者由此推演得出的结论。也可以理解为根据一些最基本的物理学理论，从头开始推导，进而形成一个完整的物理学体系。广义上来说，它也可以理解为每个领域或每个系统都存在一个本质上正确，无须证明的最底层的真理，也是演绎法的体现。第一性原理发源于哲学，由亚里士多德提出。经历两千多年的发展，第一性原理已经逐渐推广到物理、数学、化学、法学、经济学等诸多学科，在大多数领域中都有着作用。

无印良品的商业模式

无印良品的最大特点之一是极简。它的产品拿掉了商标，省去了不必要的设计，去除了一切不必要的加工和颜色，简单到只剩下素材和功能本身。除了店面招牌和纸袋上的标识之外，在所有无印良品商品上，顾客很难找到其品牌标记。在无印良品专卖店里，除了红色的"MUJI"标识，顾客几乎看不到任何鲜艳的颜色，大多数产品的主色调都是白色、米色、蓝色或黑色。在商品开发中，无印良品对设计、原材料、价格都制定了严格的规定。例如服装类要严格遵守无花纹、格纹、条纹等设计原则，颜色上只使用黑白相间、褐色、蓝色等，无论当年的流行色多么受欢迎，也决不超出设计原则去开发商品。为了环保和消费者健康，无印良品规定许多材料不得使用，如 PVC、特氟隆、甜菊、山梨酸等。在包装上，其样式也多采用透明和半透明，尽量从简。由于对环保再生材料的重视和将包装简化到最基本状态，无印良品也赢得了环境保护主义者的拥护。此外，无印良品从不进行商业广告宣传，就如其创始人木内正夫所说："我们在产品设计上吸取了顶尖设计师的想法以及前卫的概念，这就起到了优秀广告的作用。我们生产的产品被不同消费群体所接受，这也为我们起到了宣传作用。"有人认为，与其说无印良品是一个品牌，不如说它是一种生活的哲学。它不强调所谓的流行，而是以平实的价格还原了商品价值的真实意义，并在似有若无的设计中，将产品升华至文化层面。

生命周期

生命周期（Life Cycle）的概念应用很广泛，特别是在政治、经济、环境、技术、社会等诸多领域经常出现，其基本含义可以通俗地理解为"从摇篮到坟墓"（Cradle-to-Grave）的整个过程。对于某个产品而言，就是从自然中来回到自然中去的全过程，也就是既包括制造产品所需要的原材料的采集、加工等生产过程，也包括产品贮存、运输等流通过程，还包括产品的使用过程以及产品报废或处置等废弃回到自然的过程，这些过程构成了一个完整的产品的生命周期。

参考文献

[1] 克莱纳.加德纳世界艺术史 [M].诸迪,周青,译.北京:中国青年出版社,2007.

[2] 杜根远,张火林.信息技术概论 [M].武汉:武汉大学出版社,2015.

[3] 陈立伟,魏星.正念领导力:激发活力和潜能的领导智慧 [M].北京:清华大学出版社,2019.

[4] 陈顺军.AI 新零售:重构新商业 [M].北京:中国铁道出版社,2020.

[5] 张会生.低维纳米材料拓扑电子态及热输运性质的理论研究 [M].北京:中国原子能出版社,2022.

[6] 刘超.AlX 化合物结构与性质的第一性原理研究 [M].北京:冶金工业出版社,2020.

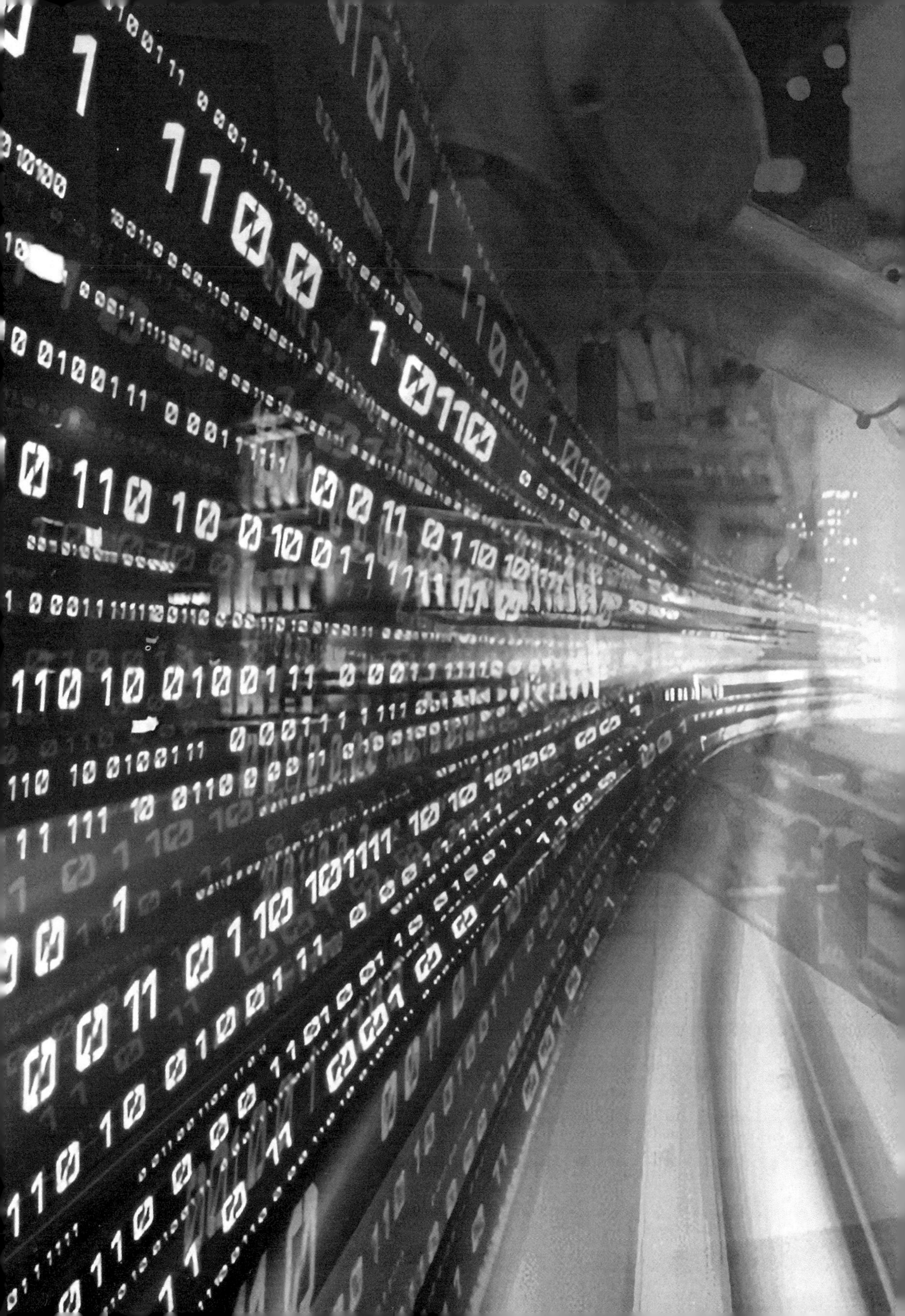

02

实践与探索

品 味

·

品 质

·

品 格

具有社会价值的艺科融合设计实践

思考融合时代背景的设计实践与创造力培养路径

　　第二部分共分为三个主题，以当今中国发展的现实问题和设计教育的社会要求为背景，梳理和分析设计创新赋能社会的价值源泉和内在逻辑。联系未来中国产业发展的目标与战略要求，从工业设计学的角度，汇合社会文化、产业势能、人才培养，以及组织形态等因素，系统地分析与分享来自企业与学院的思考与研究成果。通过社会交流的学术形式，探索中国设计健康发展的路径与方法。

　　在"设计与社会创新——产业升级与企业战略"单元中，受邀嘉宾是来自国内知名企业和学界的优秀代表，分别围绕"家具与家居系统艺科融合的设计趋势探索""设计教育模式革新"展开理论研究策略与实践战略分享。"设计与乡村振兴——乡村创新教育与设计的艺科融合"的专题演讲嘉宾，包括北京宸星教育基金会的领导代表、城乡学生代表、偏远乡村教师代表、非遗传承人代表以及来自高校开展乡村振兴研究的教师代表等。代表们围绕乡村创新教育与弘扬乡村工匠精神，从不同视角展开对新兴艺术形式与科学融合机制的探索和实践经验总结。其中将乡村发展战略、乡村教育模式改革与传统手艺相结合，通过北京宸星基金会与其举办的"石头计划"活动，进行了 1.0、2.0、3.0 三个时期的迭代，不断优化创新，形成了三位一体的全新乡村教育与地域文化推广模式。最后的"设计与教学研究——设计研究与教学实践"板块致力于在现实社会生活中定义和构建新的设计发展方略，其中设计战略与原型创新研究所的研究核心既关注设计创新又紧随国家发展战略，通过设计研究逐渐向社会各界辐射，并致力于引领时代和成为时代的表率，不断奋力向前，开拓创新。

设计与社会创新

——产业升级与企业战略

主　　持：蒋红斌
主题发言：庞学元　方振鹏　杨光　赵杰

从中国乃至世界发展经历中吸取灵感，借助艺术的催化力量促使设计思维解放，让艺术设计参与哲学、科学、工业发展战略之中，为企业乃至整个社会的艺科融合发展寻找新机遇。

百余件的装配家具设计实践经历为品牌创新赋能，同时，其设计理念也不断传承中国传统家具榫卯结构的智慧精髓，为易拆卸、便携类家具提供设计思维新范式。

从用户需求出发，针对目标市场进行研究，包括审美、趋势、社会和生活方式方面，从中挖取机会点，再通过设计语言来把它变成一个产品。

大信家居的设计发展战略

庞学元

> 今天分享的主题是"大信家居的设计发展战略",在中国设计发展的新阶段分享来自产业一线的真实感受。

一、助力中国当代工业设计的高质量发展

目前,我们工业的产值远超欧盟和美国。当我们的科技和制造能力非常厉害的时候,我们的艺术要跟得上。我们有丝绸之路,丝绸中的艺术、价值和色彩被全世界所接受。东方文化有着自身的文化哲学属性,我们要找到东方艺术的根与魂,进而实现中国当代工业设计的高质量发展。新时代,新担当,新未来,从历史的角度分析,我们有千年的设计底蕴,也有艰难痛苦的回忆和对文化的批判、革命和反思。2023 年中国制造产值是欧盟 27 国总和的一倍多,中国制造实力又重新回到了世界前列,我们的工业设计应该在原有基础上主动出击,找准中华文化的根与魂,传播文化,造福人类,谱写中华民族伟大复兴的工业设计新篇章。

二、智能制造的生产模式与自主研发的软件系统

家具行业是世界上最古老的行业之一,从新石器时代以后,所有的家具都是工匠手工打造。什么时候改变了这个规则?是工业革命时期。工业革命的逻辑是批量化与标准化。系统性让设计在系统中生成结果。一个家具画一张效果图,再画一个生产指示图,成本承受不了。能不能画好效果图直接变成生产指示图,工厂可以直接进行读取。于是有了"鸿逸"工业设计软

件，把建模软件 3D Max 和工程制图软件 CAD 打通了，包括 ERP、CAD、CAM、CAE 全部打通。这个软件从汉字里受到启发，汉字有 8 万多个最小单元，然后我们用最小单元穷尽无限设计，就做成无限定制了。最小的单元是有数量的，我们是 2700 多个最小单元，就用这 2700 多个单元，它可以工业化生产，批量化解决定制问题，用算法就解决了。受到了中国汉字的启发，我们提出最小单元、数理统计与模块生成等方法为更多中国家庭创造私人化、个性化、具有中国文化精神内涵的家居环境。

三、智能创造的底层逻辑是对中国生活方式的还原

面向家居行业的未来发展，深受清华大学美术学院柳冠中教授所提出的"工业设计是传统的再造"观点启发，大信家居先后建成五所有关艺术与历史主题的博物馆，从中国乃至世界发展历史中吸取灵感，借助艺术的催化力量促使设计思维解放，为企业乃至整个社会的艺科融合发展寻找新机遇。从家居领域的设计趋势中洞察属于中国用户的审美范式与生活方式。大信家居所有的设计的革命是基础研究的后续工作，是对思维方式、行为方式、文化特征的基因研究，最后变成基因算法，进而找到新的舞台。

大信家居拥有多个文物丰富的博物馆，例如，厨房博物馆、色彩博物馆和家居博物馆。在博物馆中解释许多中国人生活方式的传统，比如，中国人为什么喝粥？距今约四千多年，出现了鬲，其原理是热效率分配，把一个平圆底锅变成具有三个"乳房形"结构的锅，在下面加热，热效率高，但容易干锅、受热不均匀。

大信的色彩博物馆，将 4000 多个色彩标准放在里面。从考古学上找到 4000 多年前中国先祖用了哪一块陶瓷，一直到现在找齐，进行数据测量，然后定色值，之后把它的色彩构成的比例关系进行组合。目前，肉眼可见的颜色一共 100 多万种，哪些颜色和中国人的文化传统和美好生活相关？我们的博物馆是全世界最大的色彩博物馆，共有 4000 多平方米，我们总结出

图1 大信家居的历史博物馆

来 330 种颜色，只有这 330 种颜色和中国相关联。色彩不是通过好看来改变世界，我们要知道整个社会科学运行的方式，才能真正找到未来。

大信家居的非洲木雕艺术博物馆，揭示了达·芬奇、伦勃朗、毕加索创作的原始参考意象。毕加索看到了这些非洲木雕，创造了艺术的未来形式，我们也看到了，我们准备创造什么？我们得有创新精神。爱因斯坦说过"人失去了想象力就失去了灵魂"，想象力比知识重要，科幻电影通过想象力解释一定的道理，你们的想象力也可以通过在这里的学习考察进行边界拓展。

大信的当代艺术博物馆有 1700 多幅当代作品，我看到蓬皮杜艺术中心得到启发，我们如何在企业创造力升级中破冰？当我们走到走投无路的时候，从现代艺术之中，从批判的角度，从工业批判的角度，我们寻找到了新的未来，这是我们持续要做的事情。

通过博物馆文化我们建立了一个新的生态系统，这个生态系统促使了企业获批国家级工业设计中心，我们有 5 个博物馆，厨房博物馆、中华色彩博物馆、家居博物馆、当代艺术博物馆和非洲木雕艺术博物馆，这 5 个博物馆建成一个旅游景区。顾客打算做家具设计时，我们从买房开始跟进，靠旅游零成本进行顾客引流，整个流程包括旅游景区、旅游引流、品牌推广和中国传统文化宣传四个部分。在这个基础上，我们做了智能软件，在不依赖于任何软件基础上，以实体建模，最终实现一款属于中国的具有独立知识产权的集 ERP、CAD、CAM、CAE 于一体的工业设计软件。到 2023 年我们已经做了 15 年，技术不断成熟，于是，我们赚钱了，顾客满意了，效率也提高了。

四、数字制造助力企业打造工业设计的中国方案

大信的软件系统、产品研发中心和共享服务中心，包括数据驾驶舱和整个数字智能交换中心，以及数字营销中心，整个系统把过去的效果图软件、渲染软件和工程制图软件合在一块，一键生成价格，顾客直接交钱，企业预

图 2　大信家居的色彩博物馆

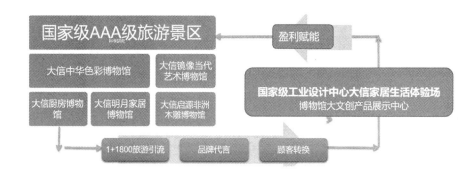

图 3　大信家居的当代艺术博物馆

图 4　大信家居的企业生态系统

约订单，之后推送生产，智能化工厂中一个厂长管 4 台设备，这 4 台设备相当于一个人管一个车间。生产单子通过代理商一键提交，不经过任何人直接到设备，直接到原材料供应商，期间没有差错。

大信家居坚持"敢想能干，创道超车"，打造工业设计的中国方案。我们的技术进入国家改革开放 40 周年成果展。全国仅展示了 40 个企业，我们是其中之一。中国家居建材行业就只有我们一家，不能说传统行业没有高科技，我们就是在这个领域的"灯塔工厂"。通过软件登录我们的官网，云端可以找到自己的房型，一键生成三维立体效果，然后用模块化设计出效果图。消费者戴上 VR 眼镜可以在虚拟现实中"身临其境"地体验设计方案，最后进行生产与配料。

大信家居"易简"大规模个性化定制系统具有如下特点：第一，将国际家具设计制造周期从 15 ~ 45 天缩短到最慢 4 天；第二，定制家具行业用材率多在 76% 左右，我们达到 94% 左右的极致用材；第三，因为家具定制是线性生产容易出错。德国日本的出错率在 6% 左右，我们能做到出错率为 0.3%；第四，极低成本创造不可思议的竞争力。综合成本降到传统成品家具的 85% 左右。第五，大信的定制模块可以使用 20 年到 30 年，主要模块 80% ~ 90% 不用换，并建立了大信的五维工业设计理论体系。

五、以平庸为敌，为美好涅槃，让设计永生

在这里我们呼吁设计师精神"与平庸为敌，为美好涅槃，让设计永生"。这是一种伟大的设计精神。大信家居被称为"互动式"企业，同时拥有一个国家级的工业设计中心，从规模生产到设计研究，为未来中国智能制造企业、数字科技发展提供启示，最终将形成中国自创的、独树一帜的"5.0 版本"工业制造企业。此外，大信将市场端和制造端、原材料端用软件一键打通，这是一项创举。

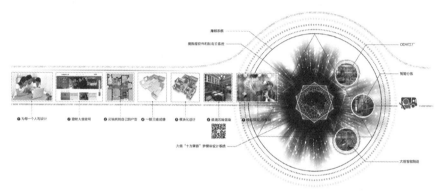

5	图 5 大信家居"易简"大规模个性化定制模式
6	图 6 从设计到交付的流程展示
7	图 7 大信家居的企业精神

知识拓展

大信家居

大信家居成立于1999年，是从事整体厨房、全屋定制和家居消费品的设计研发、生产及销售的家居品牌，是全国工商联家具装饰业商会定制家具专委会及整体厨房专委会执行会长单位。大信家居经过20余年的发展历程，发明了"易简"大规模个性化定制模式，推动家居行业的产业革命，并被评定为国家智能制造试点示范项目、国家服务型制造示范企业、国家级工业设计中心、国家高新技术企业，大信家居发展模式被清华大学纳入中国工商管理案例中心。2018年11月，企业入选在国家博物馆举行的"伟大的变革——庆祝改革开放40周年大型展览"。

蓬皮杜国家艺术和文化中心

蓬皮杜国家艺术和文化中心（Le Centre national d'art et de culture Georges-Pompidou）是坐落于法国首都巴黎拉丁区北侧、塞纳河右岸的博堡大街的现代艺术博物馆，当地人常也简称为"博堡"。因这座现代化的建筑外观极像一座工厂，故又有"炼油厂"和"文化工厂"的别称。

国家级工业设计中心

国家级工业设计中心是指经工业和信息化部认定，工业设计创新能力强、特色鲜明、管理规范、业绩突出，发展水平居全国先进地位的企业工业设计中心或工业设计企业。国家级工业设计中心的认定工作遵循企业自愿、择优确定和公开、公平、公正的原则。工业和信息化部负责国家级工业设计中心的认定和管理工作。各省、自治区、直辖市及计划单列市、新疆生产建设兵团工业和信息化主管部门负责组织本地区国家级工业设计中心的推荐申报工作，并协助工业和信息化部对国家级工业设计中心进行指导和管理。中央管理的企业可自行组织申报国家级工业设计中心。国家级工业设计中心的认定，将逐步过渡到从已认定的省（区、市）级的工业设计中心中择优确定。

品牌互动

品牌互动是品牌个性的表现手法，也是品牌在创意及执行过程中表现出来的一种手段。通过新颖、形象的创意思路，以及丰富多彩、生动有趣的执行手段，来演绎品牌的风格，表达品牌的主张，达到与消费者沟通的目的。品牌互动的核心是吸引消费者的参与，并借参与产生互动，让消费者真正成为品牌的主人，从而促使消费者接受品牌所传递的信息，并产生消费的引力。这种品牌的全新演绎方式让品牌传播生动化。品牌互动强调企业和消费者间交互式交流的双向推动，改变了传统营销中企业对消费者的单向推动。随着居民收入的提高、消费意识的成熟以及消费理念的转化，差异消费、个性消费成为时尚，未来营销模式将是一个个性化的客户关系的竞争模式。品牌互动不仅缩短了企业与消费者之间的实际距离，并通过消费者积极参与生产的全过程，使企业既可获得大批量生产的规模经济，又能使其产品适应单个消费者的独特需求，既满足了大众化的需求，又满足了个性化的需求，从而实现最大限度地提高消费者对产品的满意度。

数字孪生

数字孪生是充分利用物理模型、传感器更新、运行历史等数据，集成多学科、多物理量、多尺度、多概率的仿真过程，在虚拟空间中完成映射，从而反映相对应的实体装备的全生命周期过程。数字孪生是一种超越现实的概念，可以被视为一个或多个重要的、彼此依赖的装备系统的数字映射系统。数字孪生是个普遍适应的理论技术体系，可以在众多领域应用，在产品设计、产品制造、医学分析、工程建设等领域应用较多。在国内应用最深入的是工程建设领域，关注度最高、研究最热的是智能制造领域。

传音的跨文化设计趋势研究

传音代表

> 传音品牌是在非洲起家的，手机品牌 2023 年在非洲的占有率达到了 64.4%，在非洲是名副其实的第一。在全球出货量占到了 12.4%，这里的出货量包含了智能机和功能机，出货量总量是第三名。如果只看智能手机，应该是全球第六。现在公司也在不断地扩张，非洲以外的市场其实表现也还不错的，巴基斯坦目前出货排名第一，孟加拉国也是第一，印度是第三。包括东南亚几个国家，比如像菲律宾、印尼几乎也都是前三。

传音在非洲到底有多受欢迎呢？2021 年一项"最受非洲消费者喜爱品牌百强"榜单中排名第六的 TECNO，排名第 21 的 Itel，还有排名第 25 的 Infinix 都是传音旗下的手机品牌，在非洲都是在前面的，甚至排在第六的 TECNO 前面只有耐克、阿迪达斯、苹果、三星和可口可乐。在这个维度里传音的 TECNO 是排在非洲第一的。TECNO 这个品牌在非洲没有人不知道。

另外除了手机品牌以外，传音还有家电品牌，把整个生活周边都包含在里面，非洲人民的生活都被我们"承包"了。传音的互联网品牌，如短视频、音乐播放和金融之类的，全面覆盖了整个生活维度所以传音被称为"非洲之王"。

在手机纬度为什么能做到这个程度？离不开传音公司的六个核心价值观，其中排在第一的就是用户。传音做的市场都是海外的，如何才能抓取他们的心智，是要把用户研究得很透才可以做到。所以在我们的核心价值观里，也是把用户放到了第一位。

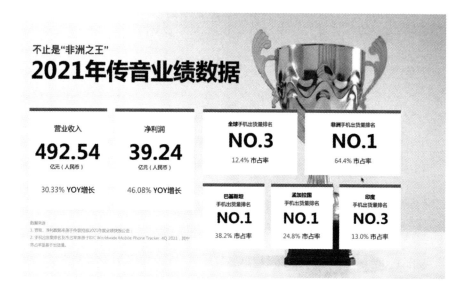

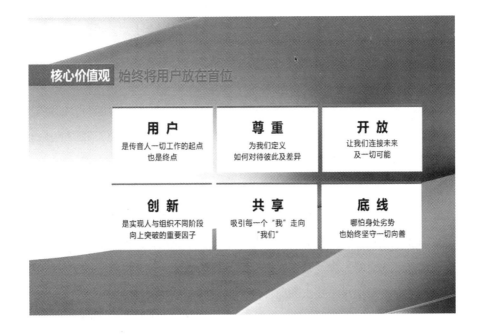

　图 3　传音旗下的品牌

　图 4　传音公司的六个核心价值观

产品设计和开发流程，我们从洞察用户出发，针对这些目标市场和用户去做大量研究，包括审美、趋势、社会和生活方式方面，从大量资料中挖取机会点，再通过设计语言来把它变成一个产品。比如，会定制一些设计主题，会跟用户情绪关联。然后，有一些设计方案，会有一些样品打样，基于这些点做工艺评估，生产一些投入市场摸底，最后再量产流程又回到用户。这是一个从用户中出发再回到用户之中的一个完整过程。

首先，我们会有一个相对比较明确的目标市场跟集团的目标吻合。例如，今年要做哪个市场，要去研究哪个市场、哪类人群，非常精准地聚焦研究。

其次，研究完之后，我们会基于研究报告挖掘出一些机会，并提炼出一些具有代表性的设计主题。这些主题能够覆盖核心人群的审美和选择取向。

之后，我们会设定一些主题，围绕着主题成立一个小组，再去做发散，我们会挑选一些我们认为更适合做这一部分工作的设计师。他们需要有比较好的审美能力、表达表现能力、想象力和深度探究的欲望。基于这些研究输出主题，通过设计概念和设计故事的方式呈现我们的方案，与用户产生共鸣。

接着，将设计概念可视化展示。比如说用户特别向往自由，我们的概念和设计故事都要围绕着自由去发散，用一些非常自然的东西来呈现自由。设计故事里面会带有一些场景，设计师会有拟定画面，比如说这个产品用户就是夏天里面穿着碎花小短裙的一个女生，在阳光下慢慢地奔跑的样子，有一个画面感，然后通过一些图片，一些方案，呈现在报告里面。这个产品就像是你生活里的道具一样。基于设计概念，给出设计的颜色、材料和工艺，通过这些方案效果图来呈现实际的样子，从虚变实，从模糊到具象。

最后，我们会根据前面输出的概念、意向图片或者一些效果图进行样品打样。比如说手机经常采用玻璃材质，但是我们在打样过程中并不一定只是用玻璃做，而是可以匹配前面提到的氛围感，可以是一幅油画或者油画里面的几个颜色搭配，或者说烧出来的陶瓷质感，只要特别有自由感觉我们都会把它弄出来。这个环节里面不会一定要跟手机有很强的关联，更多的是这种感觉，往下再走的时候才往手机上落。

接下来会做一个具体分享，是我们当时做中东市场的研究，发现中东的高端用户，他们特别西方化，很多都是外地人，本地人反而没那么多。另外传统宗教味并不是那么强，反而非常自由和开放，而且注重艺术审美和享受。中东国家更多的是精神维度的享受，思想上也更加和西方文化艺术所融合，同时又对本国的传统文化有很好的传承。另外就是很热情，很崇尚个性展示，个性化在当地也是比较明显的用户倾向。

基于这些点，就提到了一个主题就是艺趣科技，围绕着热情、时尚感、独特性和艺术性，还有科技感。我们有了两个方向，一个是艺术与科技结合的方向，另一个是把光影变幻的瞬息之美结合的方向。我们当时也做了几种不同的艺术风格，最后我们会往里面收敛，选取了蒙德里安。蒙德里安追求艺术纯粹之美，跟我们现在的审美相对来讲比较吻合。

我们呈现这款产品，是光质变色的工艺和手机的结合，在变色之前它是白色的这种感觉，只有黑白色，但是通过紫外线的照射之后，就变成了蒙德里安的块面感觉，色块就出现了。产品当时一推出，很多明星、大咖以及各种媒体都在推这款产品，成为 2022 年的一款明星产品，最后销量远超我们的计划。通过总结分析热销原因，比如说蒙德里安是符合我们的艺术科技品牌调性的，它有艺术感的同时又符合现在的主流审美。另外一个就是结合了光质变色的新工艺，让产品在有阳光和没有阳光的时候呈现了不一样的颜色，把这种自然的艺术呈现了出来，这就是我们当时做得比较成功的案例。它基于用户研究，到发散设计灵感，再到样品的制作，再到最终的产品的上市，跟前面讲的那些流程是一样的一个过程，最后造就了一个爆品的案例。

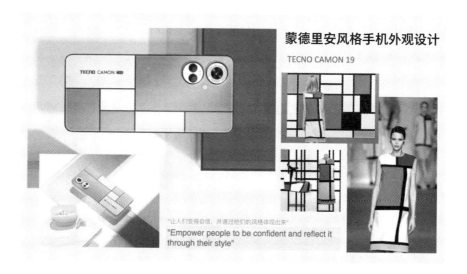

　　通过传音的实战案例分析，首先，产品是经得起市场检验的。有些案例都是书本上，甚至是几十年前的，大家会觉得很经典，但我觉得做设计最难的一点就是要满足当下社会的需求、实践的需求和企业真正的需求，这三点成一线。其次，传音之所以能获得成功，是因为坚持的核心价值观第一个就是以用户为中心来展开的，第二个恰恰是我们这个课程当中要注意到的，我们定义它始终是围绕着跨领域的一种尊重。所有心理学真正相关联的底层逻辑，实际上是对于人格的确立、人格的品格化和人格的对照等，这是间接隔空获得产品认同的有效途径。

　　真正的现代设计方法跟以前我们所学的设计方法是有差异的，这里边的底层逻辑是人格心理学与设计之间的关联，与物化的人格也是有关联的，设计思维和设计工作方法是能够走"捷径"的，但设计没有固定的公式，它不是审美法则，而是一种能量，是一种势力，是一种能量去调动另一种能量。

"

知识拓展

心智模式

心智模式又叫心智模型，是指深植我们心中关于我们自己、别人、组织及周围世界每个层面的假设、形象和故事，并深受习惯思维、定势思维、已有知识的影响。心智模式是简化的知识结构认识表征，人们常用它来理解周围世界以及与周围世界进行互动。心智模式的概念有着悠久的历史，概括起来，该理论有如下三个基本预测：（1）人们通常仅对他们认为真实的东西建立心智模式；（2）人们通常只构建一个而不是多个心智模式；（3）人们倾向于只从他们构建的一个心智模式中提取数据与信息做出决策与选择。管理者会对复杂系统建立心智模式以便他们能够理解复杂系统包含什么，以及系统是如何运转的及其为什么如此运转。

用户画像

用户画像又称用户角色，作为一种勾画目标用户、联系用户诉求与设计方向的有效工具，用户画像在各领域得到了广泛的应用。我们在实际操作的过程中往往会以最为浅显和贴近生活的话语将用户的属性、行为与期待的相关数据转化联结起来。作为实际用户的虚拟代表，用户画像所形成的用户角色并不是脱离产品和市场之外所构建出来的，形成的用户角色需要有代表性，能代表产品的主要受众和目标群体。

焦点小组

焦点小组，也称小组访谈，是社会科学研究中常用的质性研究方法。一般由一个经过研究训练的调查者主持，采用半结构方式（即预先设定部分访谈问题的方式），与一组被调查者交谈。小组访谈的主要目的是倾听被调查者对研究问题的看法。被调查者选自研究的总体人群。小组访谈的优点在于，研究者常常可以从自由讨论中得到意想不到的发现。

叙事性设计

叙事性设计，是指在设计中融入叙事元素，通过图像、文字、音频和视频等多种媒介来传达故事情节，营造出一种具有情感共鸣和引人入胜的用户体验。叙事性设计，最早可以追溯到 19 世纪的绘本和插图，这些插图通过图像和文字的结合来传达故事情节。20 世纪初，电影的出现让叙事性设计得到了更大的发展，它成为一种通过影像和声音来传达故事情节和情感体验的方法。随着计算机技术和互联网的发展，叙事性设计已经在如今的设计领域作为流行趋势被广泛使用。

皮特·科内利斯·蒙德里安

皮特·科内利斯·蒙德里安，荷兰画家，风格派运动幕后艺术家和非具象绘画的创始者之一，对后世的建筑、设计等影响很大。蒙德里安是几何抽象画派的先驱，以几何图形为绘画的基本元素，与杜斯堡等创立了"风格派"，提倡自己的艺术风格"新造型主义"。代表作品有《灰色的树》《红、蓝、黄构图》等。

设计心理学

设计心理学是建立在心理学基础上，把人们心理状态，尤其是人们对于需求的心理通过意识作用于设计的一门学问。它同时研究人们在设计创造过程中的心态，以及设计对社会及对社会个体所产生的心理反应，反过来再作用于设计，使设计更能够反映和满足人们的心理需求。

装配式家具的设计实践与思考

方振鹏

"

　　首先，我想感谢母校的栽培，我是 1989 年从清华大学美术学院毕业的，然后去了日本。我的原专业是发动机内燃机相关的，是一个很复杂的体系，后来师从柳冠中老师学习工业设计。因为我有工科基础，柳老师比较感兴趣。人的一生像一个电瓶，不断地在充电、放电，总有一天你的灵感会被激化。我就一直在研究一个问题，20 世纪 60 年代我父亲买了两把椅子，一块五一把。半年左右我的椅子就坏了，因为我比较淘气。我就在想这个椅子的结构是不是有问题。带着问题上初中、上高中、上大学、出国留学，留学回来以后开始了自己的研究。突然有一天观察到一个现象，我母亲把一把小方凳子放到了一个大椅子的下面。就这么一个动作，一下子就让我开悟了，即把两个体系的东西合并成一个体系。

　　我带到现场两把椅子，给大家装配一下，它不仅仅是一件家具，它改变了整个关于家具的连接方式。以往的装配式椅子有很多种，1936 年就有一把咖啡椅，到现在还在卖，那个椅子的零配件有 21 个。我现在做的这个椅子就 5 个配件，我是把原来零件和零件的组装改成部件和部件组装，这个组装形式就比较简单。这个榫，没有人把它组合成这种方式，这个座面想了好几年怎么去固定，欧洲有一个最严格的要求：防夹手实验。那这个问题就很简单，座面抬不起来了手就伸不进去了，这个问题就能解决了。大家会觉得这个好像有点晃，实际上这就是解决泄力的最好方法。

　　实木家具有一个最难解决的问题就是开裂问题。这个结构出现以后，基本上所有的开裂问题都解决了。为什么会开裂？它就是一个应力集中的问题。哪个地方弱，哪个地方就开裂。得益于这种松散的结构，它就不会坏。2020 年，我在佛山做了一个叫 i-FANG 品牌的产品，以此为例简单对家具现状进行分析。

| 1 | 图 1　可装配座椅设计 |
| 2 | 图 2　方振鹏创立的品牌 |

　　一般开家具店都有一个卖场，可能现在又有很多变动。你要租至少300平方米的卖场，一年租金要100多万元。现在家具卖场有两种现象，一种是线上，一种是线下。线上卖家具，客户对家具没有亲身体验。我们的身高、体重、臀部尺寸不一样，所以必须让客人来亲自感受。接下来，你的目标用户是谁，如果给父母买，你需要告诉我你父母的身高、体重，我来给你配最合适的尺度。一般的工厂不会做这样的事情，我却觉得很关键，因为我要服务于所有的大众。我没有那么高深的理论，也没有那么响亮的口号。一家店至少有5个人，一个人的工资至少得5000元，还有一些提成。店开在北上广、无锡、扬州，那么还有物流费，并且这个费用可能还有继续上升的趋势。这些东西都是直接影响消费者付费的环节。商家会把这些所有的费用折合成一个比例加到家具成本中。我就在想这个费用能不能替消费者省下来。

　　我小时候坐过一把椅子，上百年了也都是这个结构，实际上非常不合理，很容易坏。2012年我买了很流行的原厂Y椅，到现在结构已经开始活动了，实际上这个椅子已经基本上报废了，它只是没有散而已。这说明不是做工不好，就是因为它的结构不合理，连接方式不合理。另外还有用竹子做的家具，竹材对我而言是介于钢材和木材之间的材料，这个材料很硬。杆子就可以做得很细，结果有的却做得比实木家具还要粗，这就是没有尊重材料本身的特质。此外，住在高层，例如二十几楼买了家具搬不进去，就是因为产品设计不合理。我的产品要解决所有客户的最后一米的运输与装配问题。不像现在厂家只解决客户最后一公里的问题，应当解决到最后一步。

　　我在网上找到一些装配式家具的痛点，一是由于家具的体积过大，给所有的触摸到这个家具的人都带来了许多的麻烦。还有一个就是家具开裂，家具开裂实际上无非就是由于木材本身的处理没有做好，就会有应力集中。我现在这个家具出现以后就基本解决了这些问题。再者就是包装，经过调查，北京2012年的时候，包装成本是两百块钱左右一立方米，广州是一百五十

图 3 家具的结构分析

图 4 家具的包装与售后问题分析

块钱左右，我算作一百块钱，一年的工厂产量如果有 18000 件，包装成本就要很多钱。最后，售后服务最大的成本是沟通成本，所以我设计的这个家具后期如果有问题，就拍一张照片给我，我就判定家具的问题，给你发一个配件，自己安装就完成了，降低了沟通成本。

1989 年底的时候我去了日本，在一家店里我发现好多零部件，不知道干什么用，我回家量了量我住的地方，有个空档可以放个书架，但没有合适的书架。我就发现这板子好像能做书架，半个小时我就装起了一个书架。所以他只是做了很多的标准件，怎么连接怎么弄你自己去琢磨。当时我就想往装配式家具方向尝试，但是从最初想法到最后实现，又花了将近 30 年的时间。宜家花了近 10 年、几百万美金的成本研了一个可以装配的桌子，但是这个桌子还是有问题，他最后锁住桌腿的时候，必须用类似于螺丝的东西才能把这个腿挤住。那我就想能不能做一种不需要任何装配工具就能安装、拆卸的产品，这是我自己给自己定的一个标准。

我想到了一种完全颠覆传统的家具连接方式，这一系列椅子可以做到两个靠背互换。有高靠背、低靠背、没有扶手的椅子，把这 5 个部件都混合在一起，依然能装出来 2 万把高靠背，2 万把低靠背，2 万把没有扶手的椅子。工业化、组装、装配一定不能设很多机关。2017 年的时候我们开始为家具的连接方式申请专利，这个专利申请很难，每个专利都基本上被驳回三次，现在我们已经有十几个这样的专利。

我们传统的固装椅子包装，它的体积是 0.36 立方米，如果我们乘以 100 元就是 36 元，觉得好像不贵。那从 0.36 立方米直接变成 0.078 立方米，那成本就是 7.8 元。同样的东西包装运输，运输是 110 元每立方米，仓储费用也是一样，同样的产品，采用装配式的方案 50% 以上的成本可以节约下来。自己运回家也十分方便，省掉了诸多依靠别人所产生的问题。因为我的作品不仅仅是家具，我在景德镇待了 12 年，我做了很多瓷器的研发。我用我对瓷器工艺的理解，改造家具的工艺。

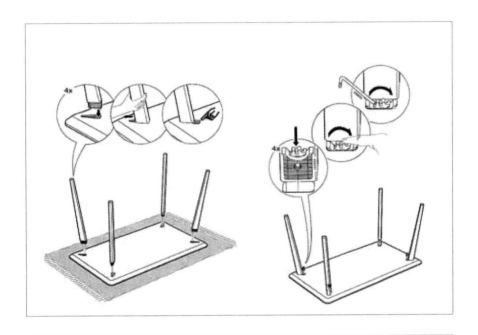

包装及运输对比

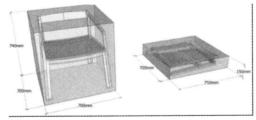

单张椅子的节省费用为：59.22元
如每年出货量按3万张椅子计算，
每年节省的包装及运输费用为：
177.66万元
仓储空间节约了4.6倍

包装费：0.36立方米X100元=36元
运输费：39.6 元
合计：75.6元

包装费：0.078立方米X100元=7.8元
运输费：8.58元
合计：16.38 元

5   图 5 装配家具的安装流程
6   图 6 传统家具与改进家具包装对比

2019 年，我们给雷克萨斯做新品发布会，他们想要车载家具，我自己建了个模型，4 个人坐的椅子，以及桌子可以塞到后备厢，拿出非常快。我在厦门做过一套产品包括桌子和架子。我在佛山做展览，使用的架子全部可以徒手安装和拆卸。我还做了可以换成玻璃的、大理石的、花岗岩的桌面的桌子，我的这套结构可以做建筑，可以做展览的展架，可以做家具等。我还给佛山一个朋友设计了办公室装置。

7　　　图 7　车载家具
8　　　图 8　桌子与架子套装

9 图 9 可拆卸展架

10 图 10 可以换面的桌子

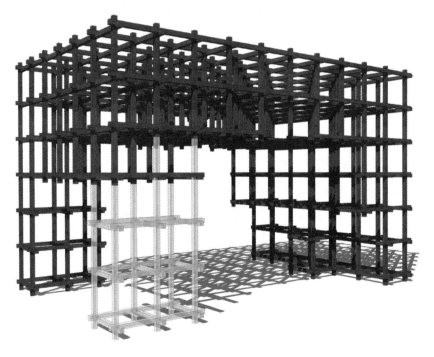

图 11 办公室装置

图 12 可装配书法桌

    有一个女客户买了我们的家具，物流公司送到了她家楼下，她一个人搬到家里，然后组装起来。她买的是一个书法桌，宽 1 米，长 3 米，高 0.8 米，因为她老公的身材稍微偏矮一点点，这些尺寸都是根据我客户的身高来定制的。这个桌子可以用来写字画画。

    我曾花了两个小时做了一个小餐厅方案。这个餐厅做完以后，好多人都在拍照。黑块的灵感来源于中国传统的印章，我去掉文字把章留下，所谓的至上主义。就像我的文身一样，知道的人就知道我纹的是至上主义的鼻祖马列维奇 1919 年的一个作品。餐厅的中心为什么有个夯土墙？因为是餐厅。所有的餐厅三个月以后，都有一种异味，这是有机气体在空气当中蔓延的结果。后来我去欧洲的时候，我就问了一个欧洲的设计师，他说生土建筑。后来旁边一个中国留学生，说就是我们国家的夯土就能解决这个问题。你开一年的餐厅，进到这个房间里面，它依然没有那个油味。

图 13　餐厅设计方案

　　我有一个发明专利是做的茶几，就是超级简单，你把茶几腿放在任意一个角度，你都能把它套上去。我测试过，15 秒可以把它全部拆开，20 秒可以把它全装回去。这个茶几是给朋友做的，做完以后他就做了个包，他喜欢带着到郊外去喝茶。现在这个产品很好卖，也不贵，才几百块钱。

　　我还做了一些概念战略，叫黑方战略。所有的家具、桌子、柜子、椅子全部能拆，而且不用一个螺丝，不用胶水。

14　图 14　便携家具

15　图 15　黑方战略家具系列

有一种工艺叫吹制不锈钢，用气吹或者用水吹不锈钢。我给一个深圳工厂做了 10 件家具。我还做过海绵式的家具，都是装配式，本来一个很大搬不动，我就把它拆成三个。我还做过多彩家具，用加温以后的喷枪加工，它自动就形成了五彩的颜色。这就需要对各种材料有了解。

我的 i-FANG 装配式家具卖场一般只租一个 60 ~ 90 平方米的场地，一个城市开 3 个店，4 个员工就足够了，一个店长轮流顶替空缺岗位，综合降低成本。这里所有的东西都在墙面上展示，我的主题就是一间没有家具的家具店，这里能放 5 套家具。

图 16 吹制不锈钢家具

图 19 i-FANG 装配式家具卖场

　　i-FANG 装配式家具设计以"非常界"作为品牌的哲学起源，多年来品牌致力于摒弃固有传统思维模式在可能的范围内做最大限度的创新。百余件的装配家具设计实践经历为品牌创新赋能，同时，设计理念也不断传承中国传统家具榫卯结构的智慧精髓，为拆卸、便携类家具提供设计思维新范式。我认为所谓家具的审美评判本身不存在标准与固化的目标，创造人、机、环境的和谐共生关系便是家具美学的最高境界，其中无需太多哲理和思想。

"

知识拓展

装配式家具

随着现代家居生活越来越追求便捷、时尚、经济、环保等多重要求，装配式家具作为一种全新的家具组装方式，应运而生。装配式家具顾名思义，就是由多个模块化的装配件组成的家具，消费者可以根据自己的需要进行随意组装和搭配，其特点是安装方便，节省时间，使用后期方便拆卸和搬运。装配式家具在人们生活中逐渐被人们认可和接受。其起源可以追溯到20世纪80年代的欧洲，由于当时住宅面积较小，人们急需一种简单方便的组装式家具，故而出现了装配式家具这一类别。在中国，随着住房面积的减小和人们生活品质的提高，越来越多的消费者开始选择装配式家具。

固装家具

固装家具一般是指固定于墙壁的，不可拆装的家具或护墙板（装饰面板），它具有不可移动的特点。固装家具一般由装修公司负责现场施工制作，但是现场施工缺点很多，制作质量不佳，有害物对环境污染严重，施工噪声大影响居民生活与工作，还有不可拆卸、很难维修保养等问题。后来人们渐渐通过外包工厂固装家具，工厂根据设计图纸及技术要求在工厂进行标准化生产，再运到现场拼接组装成型。

折叠式家具

折叠式家具是通过折叠可以将面积或体积较大的物品尽量压缩的一种家具类型。它突破了传统家具的设计模式，细细品味，会发现其有一种独特的美感，其既无一例外地兼具到实用主义，又拥有灵活自由的使用方式，并且功能多样化，不仅能为居室腾出不少空间，还不用被"迷你"整得畏畏缩缩。

榫卯结构

中国古建筑以木材、砖瓦为主要建筑材料，以木构架结构为主要的结构方式，由立柱、横梁、顺檩等主要构件建造而成，各个构件之间的结点以榫卯相吻合，构成富有弹性的框架。榫卯是极为精巧的发明，这种构件连接方式，使得中国传统的木结构成为超越了当代建筑排架、框架或者钢架的特殊柔性结构体，不但可以承受较大的荷载，而且允许产生一定的变形。

人体工程学

按照国际人类工效学学会（IEA）所下的定义，人体工程学是一门"研究人在某种工作环境中的解剖学、生理学和心理学等方面的各种因素; 研究人和机器及环境的相互作用; 研究人在工作中、家庭生活中和休假时怎样统一考虑工作效率、人的健康、安全和舒适等问题的学科"。日本千叶大学小原教授认为：人体工程学是探知人体的工作能力及其极限，从而使人们所从事的工作趋向适应人体解剖学、生理学、心理学的各种特征。

至上主义

至上主义一词意为至高无上，它是 1915 年前后由马列维奇创造的俄罗斯前卫艺术流派，活跃于 1915 年到 20 世纪 30 年代之间，除马列维奇之外还包括乌达利佐娃、苏耶金、普尼、罗德琴科等人。至上主义的形式特点是抽象的，作品以直线、几何形体和平涂色块组合而成。俄罗斯画家夏加尔、康定斯基以及德国包豪斯都曾经受到至上主义的影响。

中国文创产品创新实践

杨光

"

今天我想以几件经典的文创产品和大家交流设计此类产品的经验与体会。首先，"皇后之玺"公交卡是以陕西历史博物馆馆藏珍宝——西汉皇后玉玺为原型打造的文创产品。皇后玉玺是陕西历史博物馆的镇馆之宝。"皇后玉玺"1968年出土于陕西省咸阳市韩家湾公社，玺体为正方形，质地为羊脂玉，螭虎为钮，其腹下对钻一系带穿孔。螭虎怒目圆睁，张口露齿，形象凶猛，体态矫健，在中国古老文化中代表神力威严，有王者风范；四侧刻有云纹，印面阴刻篆书"皇后之玺"四字，字体结构严谨，刀法自然娴熟。此印形制、刻文都与《汉旧仪》《汉官仪》的记载基本相符，从其质地、钮式、文字来看，当属于西汉之物。因其出土地点距长陵约一千米，故推测其为吕后印玺，这是目前所见唯一的一枚汉代皇后玉玺，被国家文物局确定为一级文物中的国宝级，并列入《第三批禁止出国（境）展览文物目录》。基于这件文物的历史背景我们的团队进行了文创设计，它的材质晶莹润泽，表面雕刻着一只形象凶猛，体态矫健的螭虎。这张卡将陕西特有的厚重历史文化与现代人出行的交通卡相融合，既具有较高的欣赏价值，又具有交通卡功能，可以在全国200多个加入互联互通的城市公交及轨道交通中使用。一件珍藏在博物馆里的珍贵文物经过文化创意，融合现代科技，被赋予时尚、便捷的生活体验。"皇后之玺"文创公交卡自从推出以来，网络浏览量超过两亿次，限量的4.5万枚被抢购一空。这件文物被赋予新的内涵，这件文物所承载的历史被更多的人知晓。

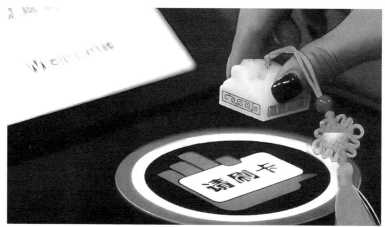

1	图 1 "皇后之玺"公交卡原型
2	图 2 "皇后之玺"公交卡的使用展示

图 3 "皇后之玺"公交卡的细节展示

这枚卡精准复刻了西汉皇后之玺的比例，两侧还印有交通联合、卡号以及长安通的字样。刷"皇后之玺"卡坐地铁、坐公交车，有一种对历史文化满满的荣誉感，同时也引发人们对皇后之玺本身的关注。昔日静静地躺在博物馆的文物已经获得越来越多的社会关注，文物所承载的历史故事被广泛知晓，经过文化创意并融入现代科技的文创产品正在走入百姓生活。"皇后之玺"公交卡用手机就可以充值，显示出科技感。陕西历史博物馆有 18 件镇馆之宝，目前大多数已被开发出了相应的文创产品，受到百姓喜爱。有的销售火爆，"皇后之玺"公交卡就是其中之一。陕西历史博物馆还为这些文创产品设立了一个专门的展柜。据悉，博物馆还会根据关注度和文物价值本身，对陈列和展示做适当的调整，让更多市民和游客感受文物之美，历史之幸。

第二个给大家展示的是故宫系列文创中的故宫日历 2023 书画版。故宫日历书画版延续民国传统日历的小开本，方便携带、翻阅。"故宫日历"四字采用 1934 年日历封面小篆体，并稍加调整。这种小篆适应书画版日历的修长外形，令人耳目一新。封面及腰封设计突出人物故事主题，封面用红色纤维纸，既保证了封面色彩稳定，又让读者触摸时手感温和、舒适。

故宫日历对腰封进行了充分利用，在腰封的背面设计了两枚精美的书签，很大程度地发挥出每一寸纸张的价值，更节约，更环保。整体内容依据故宫珍藏的四类人物故事画：千秋佳人、林下风雅、众生百态、庙堂仪范，分别作为四季的主题，呈现了闺阁佳丽、逸士高隐、市井生活、明君贤臣的典故或故事，意在让读者了解别称的同时，加深对传统文化的认识与理解。选出一件文物或文物的局部，通过专家梳理古籍文献，标明典故出处并介绍画面技法、故事情节、艺术特色、画家传记等，对这些珍贵绘画进行了历史知识、艺术鉴赏的解析，引领读者深入到作品之中，领略传统文化与中国绘画之美。

并选出经典名作制作 AR 动画，让经典文物、画中故事活起来，增强日历的时尚感和趣味性。每个季度根据人物故事主题融入四种不同的香味以突出和衬托主题人物的精神气质。第一季度佳人主题，选定玫瑰香，春光明媚，佳人秀美的容颜与醉人的花香相映，突出春日里旺盛的生命力；第二季度高士主题，选定茉莉香，以茉莉宁静幽淡的香气，寄寓了文人不慕名利、远离浮华的品格与精神；第三季度风俗主题，选取苹果香，寓意了人们在秋天，企盼成熟、丰盈收获的美好愿景；第四季度庙堂主题，内敛、沉静、朴厚的檀香与此类主题相契合，为这些需仰视才见的人物及其千古流传的美德、轶事增添了几许温暖、可亲的意味。选出一件重点作品，读者通过扫描，可听到故宫撰稿专家亲口讲解的 3 分钟音频，并配有优美的音乐。音频在内容上比日历文字大大丰富，也拉近了专家与读者之间的距离，展现了故宫人真心实意为读者服务的热诚。

图 4　故宫文创日历

第三个给大家介绍的是花西子的一款口红产品。花西子品牌探索中国千年古方养颜智慧，针对东方女性的肤质特点与妆容需求，以花卉精华与中草药提取物为核心成分，运用现代彩妆研发制造工艺，打造健康、养肤、适合东方女性使用的彩妆产品。其产品包括雕花系列口红、浮雕眼影盘、散粉等，包装和形象都非常具有古色古香的感觉。花西子推出的将微雕工艺运用到口红膏体上的"花隐星穹雕花口红"，名字虽中二但好在细节精致。同样类型的还有去年年末同样采用浮雕效果的"百鸟朝凤盘"，以及今年的同心锁礼盒、苗族礼盒等。

首先，花西子的产品设计是美妆品牌设计的核心，它以满足消费者的需求和审美为出发点，设计出具有市场竞争力的产品。例如，花西子以"国风"为设计理念，不断融合各类新元素，重新定义国风品牌，开创产品融入雕花、浮雕等国风元素，从而在市场上树立了独特的品牌形象。

其次，花西子的包装设计是美妆品牌设计的外在表现，它通过色彩搭配、图案设计以及包装的规格等元素，给消费者留下深刻印象。例如，花西子的产品包装设计不仅注重色彩搭配，还融入了中国传统工艺元素，使其产品包装本身品质得到了提升。综上所述，花西子的整体设计风格与品牌定位相符，例如高端品牌应采用简约、高贵的设计风格，平价品牌则可以采用活泼、可爱的设计风格。同时，不同国家和地区的文化背景也会影响包装设计，比如欧美国家更注重简洁、现代的设计风格，而亚洲国家则更注重细节和传统元素丰富的设计风格。

最后要介绍的是以故宫太和殿为原型的模型设计，以1：110的等比例复刻了历经两朝三世六百年的中国顶级建筑。模型全部的零件大概有1300多个，每一个零件之间的穿插都很精妙，不同于国外积木玩具粗糙的卡扣设计，这座建筑从立柱的穿插到穹顶的搭建都是以榫卯结构为基础，每个零件相互拼接，但又能很好地将接口隐藏在内部，虽然结构复杂，但在仔细研究图纸之后操作起来并不费力。这座宫殿在细节方面十分值得推敲，不

图 5　花西子同心锁口红设计

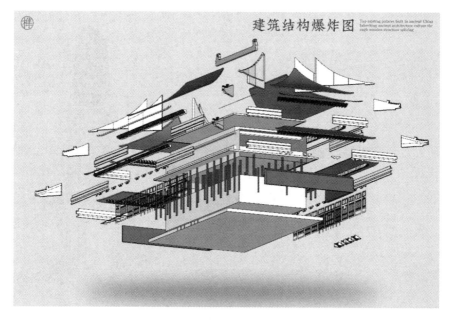

仅院墙城楼下的门窗是可以活动的，就拿门窗上的浮雕来讲，光是从云龙纹路的精细程度上来看，制作团队近乎偏执的等比例复刻就可见一斑。甚至就连故宫三大殿周围设置的一千多个螭首都没有放过，同样在模型上一一复刻，不得不说，制作团队对细节的把握简直可以称得上精益求精！拼接完成后的下一步，上色方面也颇为讲究。

我们来分析这个文创的优点。首先，用色。"故宫色"是华夏文化中最浪漫的色彩，它们变化无穷、自成一体，为无数场合所运用。比如象征吉祥的朱红、象征帝王之色的明黄、有着东方韵味的青绿、明朗且贵气的宝蓝。其次，结构。榫卯结构既符合力学原理，又重视实用和美观，是工艺美术特征表现的典范；它不用一钉、一胶，却能使构件彼此严丝合缝地紧密衔接，是中华民族令人骄傲的建筑技巧。第三，装饰。建筑上的脊兽分别是龙、凤、狮子、天马、海马、狻猊、狎鱼、獬豸、斗牛、行什，不仅起到了装饰效果，还能防止漏水和生锈，对脊的连接起到固定和支撑作用。第四，寓意。每一只脊兽都有其独特的寓意，并且在选用上有严格的等级限制和规范。最后，工艺。屋顶为重檐庑殿顶，覆黄色瓦，就连台阶上的浮雕云龙纹都雕刻清晰，方正有序。上色之后，金雕彩绘更是令整个建筑栩栩如生。模型采用了"椴木板"材料，空隙大，稳定不易变形，干缩性也比较低，广泛被家具行业使用。

产品不仅配套有非常详细的拼装和上色视频，还有专业的指导团队在玩家交流群里随时为大家提供解答，为的就是让所有爱好者都能充分体验产品。我相信，随着文创的推广，榫卯结构的传承并不会随着时间的流逝而消失，将传统工艺与现代工艺结合，中华文化的传承也不会因为科技的发展而断层。

"

知识拓展

文化符号

文化符号是指具有某种特殊内涵或者特殊意义的标示。文化符号具有很强的抽象性，内涵丰富。文化符号是一个企业、一个地域、一个民族或一个国家独特文化的抽象体现，是文化内涵的重要载体和形式。

用户旅程图

用户旅程图（Journey Chart）是描述用户使用一个产品或服务时经历的各个阶段和步骤的一种图形化方法。它通过将用户在使用过程中的每一步骤用箭头连接起来，直观地展现用户的整个使用过程。在互联网时代，随着人们生活和工作节奏的加快，时间越来越碎片化，用户在完成某个任务时往往不会按照顺序进行下去，而是根据自己的习惯选择性地去做某些事情或者跳过一些环节。因此我们可以通过分析用户在不同场景下的行为轨迹来了解他们的真实需求，以及他们是如何一步步完成任务的；同时还可以根据不同场景下用户的关注点来分析他们在当前状态下最想要解决的问题是什么；最后再结合产品的功能、特性及目标人群进行分析，从而找到最适合的产品解决方案。

包装设计

包装（Packaging）是品牌理念、产品特性、消费心理的载体，它直接影响到消费者的购买欲。包装是建立产品亲和力的有力手段。经济全球化的今天，包装与商品已融为一体，在生产、流通、销售和消费领域中，发挥着极其重要的作用，是企业界、设计界不得不关注的重要课题。包装设计即指选用合适的包装材料，运用巧妙的工艺手段，为包装商品进行的容器结构造型和包装的美化装饰设计。

VI 设计

VI 设计的核心目的是构建一套完整的、系统的视觉表达系统，以展现企业的经营理念、文化和形象。在这个系统中，专业的设计师会依据企业的经营文化、理念和形象，将能够增强受众记忆的形象符号抽象提取出来，设计成独特的标识和形象，以此强化企业的竞争力和影响力。

循环设计

循环设计，是 20 世纪八九十年代产生的一种设计风格，又称回收设计，即在进行产品设计时，充分考虑产品零部件及材料回收的可能性，发挥回收价值的大致方法，回收处理工艺可行性等与回收有关的一系列问题，以达到零部件及材料资源和能源的再利用。

文化与园区的融合发展

赵杰

"

　　大家好，我是赵杰，全民畅读的创始人，全民畅读是个品牌，就像诚品书店一样。首先，想和大家分享一下我的创业经历，其实创业就是不断设计好产品。今天的分享是基于全民畅读这个品牌，我是从什么角度，根据用户的需求和社会的变化去调整方向。我是80后创业者，创业了好几次，多半都是以失败告终，也有成功的时候。2015年开始做全民畅读这个品牌，当时发现共享单车、共享充电宝等共享产品都是价值跟价格相等的产品，只有知识价值跟价格是不等的，基于这个点做了全民畅读这个品牌。去年我去走了趟戈壁，走敦煌的玄奘之路，我为什么要去走呢？因为疫情三年对整个产品，项目产生完全颠覆式的影响，所以要去找一个地方去思考。走戈壁特别像创业的一个过程，每一步都需要自己走，这个是任何一个路程都没法替代的，决策了不管多深的沟壑也要爬上去。所以有些时候决定一件事情，其实你不知道未来是对与错，心态决定一切，做任何事情都要有一个好的心态。

　　为什么要做全民畅读呢？第一，我发现出版行业是最后一个没被升级的产业。第二，就是物质生活相对富足之后，精神层面需求要被满足。我们都是在为美好生活努力提供服务。那么，为什么是我做这事？我对文具、书，

图 1　全民畅读书店展示

以及一些设计内容都比较感兴趣，也向往这种好的生活方式，再有就是发现了商业逻辑和商业机会并付出行动。最后，为什么叫全民畅读呢？产品的文化属性很关键。政府多次倡导全民阅读，如果我们要做一个品牌的话，首先名字要跟大众化的东西越近越好。品牌名要通俗易懂，并有文化和艺术性。名字就像钩子，利用它把品牌挂在潜在客户心智中的产品阶梯上，这个事就成功了一半。

接下来分享的是我创业多年的心得总结。首先，做实体不代表只做线下的，是线下为主，所以当时就觉得这个其实是线上线下融合的一种方式，每个人都离不开他人独立存在，不可能每天都在虚拟世界上。线下其实有几个优势，一个就是提升用户体验，提供用户真实接触和试用产品的机会。通过线上线下的融合，商家就可以及时与用户连接，获取用户最真实的数据。其次，做品牌需要制造冲突，冲突才有价值，当时我们选择的第一个空间在哪呢？

我们就找了一个废弃的工厂开了一个书店，当下很多人很浮躁，比较心烦意乱，我们提供了一个可以短暂慰藉精神的地方，其实是为了降低房租成本，节流开源，我们就用互联网的逻辑一年开了4家店，用最低的成本、最快的时间尝试快速找准谁想用这些空间提供什么样的服务。再有，选址很重要，当时赶上北京市正在出台如何保护和再利用老旧厂房，北京市又在推优质的文化空间，所以我们在一个地干两件事。里面有很多的产品，大家在这阅读、喝咖啡、吃简餐、做路演培训、聚会、看电影、办小型音乐会，是一个综合性的空间。最后，用户定位也很关键，当时我们的用户聚焦城市精英人群，注重自我价值提升，乐于尝试新鲜事物的这些人。这个特钢店的工业风把品牌带出来，但它不具备完整的商业化和可复制性，所以它只是在某个时期对于我们来说很有价值与收获。还有一个店是在八宝山，这个店是一个复合型的，把酒吧、餐厅、健身各方面都集合到一个空间里去，让顾客在这尽可能多消耗时间和精力。

图2 朗园 Park 店

图 3 全民畅读艺术书店（首钢园店）外景

在做产品时有 4 个逻辑，第一个就是空间设计，就是颜值；第二个是空间智能互联网逻辑，大量应用智能硬件和一些数据相关的技术；第三个按照互联网的逻辑去做空间运营，就是从识别、洞察、交互、触达这 4 个点去做人文关怀；第四个就是空间内容，围绕一本书可以开展各种各样的工作。

所以，我们的项目就是一个文化社交平台的概念。从 2018 年到 2019 年，我们用多元文化吸引多元新消费。2019 年是一个品牌红利期，我觉得做产品必须要专注在一个事情上，当时我觉得这个产品根本不完善，我还是想把产品做好之后再去做规模化，当时我们的项目就成了地产公司和城市管理人员等各方面来学习考察的对象，我们在 2019 年就开始去做融资和规模化这些事情。我们当时要做国际化、多元化跨界，把它变成一个潮酷时尚的空间。

经过这些年摸索，我们形成一套商业模式，基于全民畅读的平台，围绕着一些服务，通过我们的空间标准化的和非标准地去向 C 端用户提供服务，然后再返回到平台做转化。数字化是我们一直特别重视的点。转战到购物中心做标准化的产品复制，亦庄龙湖店是我们第一个购物中心的项目。这几年国家一直在对阅读、文化提出各种各样的政策，并提出要推动文化强国建设，所以做这件事很漫长。创业的三要素就是政府支持、社会认可、老百姓买单，从而具备高频、海量、刚需这些特质。

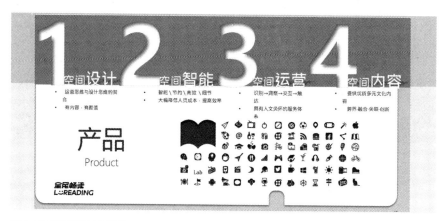

图 4　产品运营的四个逻辑

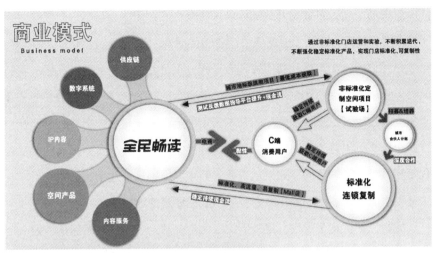

图 5　全民畅读的商业模式

图 6　全民畅读书店内景

以前的空间大多数是开放的，未来将会变成封闭的会员制，专注在内容上，我们从知识的搬运工要变成生产者和传播者。因为搬运没有核心竞争力，这个是我们的一个市级品牌叫发现者乐园，也是我们一个重要产品线。我们公司一直以设计创意和艺术在做壁垒，冬奥会的时候做了一个非常好的艺术市集，通过市集挖掘很多优质的艺术家和创意者。未来继续把产品设计好、作品市场化，以符合不同的消费逻辑。全民畅读从另一个角度来诠释了设计创新和城市生态的关联，如果从企业者的角度来看，专业不是目的，用专业去开创企业才是展现他的生命力，才是我们要讨论的概念。

做全民畅读这个项目，最基础的三件事，第一个推广全面阅读；第二个建立文化生态平台；第三个提供基础创业服务。这个空间里面所有实验室产品都不是我们做的，是我们投资的文化产品。我们做的两件事：一个是做品牌，不断把品牌做的有影响力，第二个我们来做空间整合和资源整合。

亲子图书馆	✕	实践 LAB	✕	吃读时
图书 Books		科学 Science 薛定谔元宇宙实验室 / 科学竞赛 / 航空航天		咖啡 Cafe
		国学 Chinese Culture		轻食 Food
借阅阅览 Reading		书画 / 雕版印刷技艺 / 书籍装帧 / 古籍修复 / 书法与笔墨纸砚 / 泥塑彩 绘 / 传统壁画 / 绘画 / 传统京剧		文创 IP&Design
		自然博物 Natural		沙龙 Salon
阅读活动 Activity		昆虫 / 爬行动物 / 植物 / 陨石 / 矿物		休闲社交 Socialize
		艺术 Arts 潮流艺术 / 艺术市集 / 艺术品鉴赏		微展览 Mini Exhibition

全民畅读 亲子书店

图 7 全民畅读的品牌生态

知识拓展

互联网思维

互联网思维，就是在（移动）互联网、大数据、云计算等技术不断发展的背景下，对市场、用户、产品、企业价值链乃至对整个商业生态进行重新审视的思考方式。但"互联网思维"这个词也演变成多个不同的解释。互联网时代的思考方式，不局限在互联网产品、互联网企业。这里指的互联网，不单指桌面互联网或者移动互联网，是泛互联网，因为未来的网络形态一定是跨越各种终端设备的，台式机、笔记本、平板、手机、手表、眼镜等。

产品定位

在当前市场中，有很多的人对产品定位与市场定位不加区别，认为两者是同一个概念，其实两者还是有一定区别的，具体说来，目标市场定位（简称市场定位），是指企业对目标消费者或目标消费者市场的选择；而产品定位，是指企业对应什么样的产品来满足目标消费者或目标消费市场的需求。从理论上讲，应该先进行市场定位，然后才进行产品定位。产品定位是对目标市场的选择与企业产品结合的过程，也是将市场定位企业化、产品化的工作。

用户体验

用户体验（User Experience，UE）是用户在使用产品过程中建立起来的一种纯主观感受。但是对于一个界定明确的用户群体来讲，其用户体验的共性是能够经由良好设计实验来认识到。计算机技术和互联网的发展，使技术创新形态正在发生转变，以用户为中心、以人为本越来越得到重视，用户体验也因此被称作创新2.0模式的精髓。在中国面向知识社会的创新2.0——应用创新园区模式探索中，更将用户体验作为"三验"创新机制之首。

商业画布

商业画布是指一种能够帮助创业者催生创意、降低猜测、确保他们找对了目标用户、合理解决问题的工具。商业画布不仅能够提供更多灵活多变的计划，而且更容易满足用户的需求。更重要的是，它可以将商业模式中的元素标准化，并强调元素间的相互作用。

价值创新

价值创新是现代企业竞争的一个新理念，它不是单纯提高产品的技术竞争力，而是通过为顾客创造更多的价值来争取顾客，赢得企业的成功。价值创新意味着一次关于商业成长的战略思想的改变，本质上来说，他是将企业进行战略思考的出发点从竞争对手转变为创造全新的市场或重新诠释现有市场。

服务蓝图

顾客常常会希望提供服务的企业全面地了解他们同企业之间的关系，但是，服务过程往往是高度分离的，由一系列分散的活动组成，这些活动又是由无数不同的员工完成的，因此顾客在接受服务过程中很容易"迷失"，感到没有人知道他们真正需要的是什么。为了使服务企业了解服务过程的性质，有必要把这个过程的每个部分按步骤地画出流程图来，这就是服务蓝图。但是，由于服务具有无形性，较难进行沟通和说明，这不但使服务质量的评价在很大程度上还依赖于我们的感觉和主观判断，更给服务设计带来了挑战。服务蓝图直观上同时从几个方面展示服务：描绘服务实施的过程、接待顾客的地点、顾客雇员的角色以及服务中的可见要素。它提供了一种把服务合理分块的方法，再逐一描述过程的步骤或任务、执行任务的方法和顾客能够感受到的有形展示。制定蓝图在应用领域和技术上都有广泛的应用，包括后勤工业工程、决策理论和计算机系统分析等。

城市生态系统

城市生态系统不同于自然生态系统，它注重的是城市人类和城市环境的相互关系。它是由自然系统、经济系统和社会系统所组成的复合系统。城市中的自然系统包括城市居民赖以生存的基本物质环境，如阳光、空气、淡水、土地、动物、植物、微生物等；经济系统包括生产、分配、流通和消费的各个环节；社会系统涉及城市居民社会、经济及文化活动的各个方面，主要表现为人与人之间、个人与集体之间以及集体与集体之间的各种关系。这三大系统之间通过高度密集的物质流、能量流和信息流相互联系，其中人类的管理和决策起着决定性的调控作用。

设计与乡村振兴

——乡村创新教育与设计的艺科融合

主　　持：蒋红斌

主题发言：李海飚团队　丛志强　朱碧云　赵颖

习近平总书记对非物质文化遗产保护工作作出重要指示，要扎实做好非物质文化遗产的系统性保护，更好满足人民日益增长的精神文化需求，推进文化自信自强。

乡村工匠作为扎根乡村、掌握传统技艺、提供当代产品的乡村手工业者、传统艺人，正是传承非物质文化遗产的重要载体和有生力量。

乡村工匠系列专题演讲中不仅展示了中国非遗文化和传统手工艺文化所独具的感染力，而且也为传播传统文化教育理念和时代文化精神提出了更高层次的目标。

践行乡村创新教育与弘扬
乡村工匠精神

李海飚团队

> 非遗传承人的授课思路与展览核心是课程展示，激活孩子们对创造力的凝聚和学习，"送课下乡"项目中涵盖了 1.0、2.0 和 3.0 版本的迭代，以践行乡村教育创新。团队的每位发言者对应一种课程实践的方法或思路，以课程为引导，解读不同艺术创造的内容与方式，用"下沉式教育"组织当地工匠、教师进行非遗艺术教育，因地制宜，注重结合当地文化与资源。思考如何进行乡村教育，设计与创造力如何结合农村广阔的地域特征和丰厚的文化土壤，物质的与非物质的文化如何激活，而不是简单的贴饰与挪用，能够让原住民更加热爱本土文化，正如"石头计划"所倡导的窗前午后随处可见的鹅卵石是你生命当中最诚实的基础。

图 1　创新教育公益活动成果展览

一、中国乡村工匠推广机制和价值评价体系研究——雷建军

今天以艺术与科学融合沙龙作为背景,将各方各面的社会设计创新领域、民间艺术创新领域和中国未来创新领域的学者和专业人士聚集在一起,在学术殿堂里面,进行交流。沙龙的目的是让设计学人、设计学者和设计实践工作者能够汇聚一堂,展示各自的成果。我们团队的课题研究对象实际上是女工匠兼非遗传承人。但非遗传承人不仅是她自己在延续传承的内容,同时还能与乡村振兴结合起来。把教学和教育融合在一起,让孩子们在理解传承的同时,又能让自己的手工艺与创新能力获得提升。

北京宸星教育基金回望5年的历程,我们将研究成果做了一次快速整理,在工作中可圈可点的地方非常多。大家都知道中国乡村从精准扶贫到乡村振兴,是一套战略性的国策。现在就面临着乡村谁去建设,乡村如何建设,怎么才是一个最美的乡村的问题。我们的基金会是一家公益性的教育机构,核心是创新教育。乡村工匠手艺传播创新教育是现在主流议题当中非常符合发展需求的,这些议题都出现在今天的选题当中。我自己是做纪录片的,过去20多年差不多拍了有将近50位非遗传承人。在跟非遗传承人长期的接触当中,发现他们对于创新的渴求,跟我们社会上认为他们是墨守成规的观点之间是有距离的,很多的非遗传承人都觉得要把这些东西传下去,这样下一代能接受他。教育最好的方法就是创新,宸星基金会希望在创新教育上能够做支持,也希望将来有更多的合作。

图 2　雷建军发言留影

二、"石头计划"的创新教育践行之路——李海飚

北京宸星教育基金主要负责在偏远山区实施教育项目。我们首次传播创新教育公益的活动是以一个沙龙的形式来呈现。首先，感谢大家对偏远乡村工匠与非遗文化事业的支持与帮助。同时，感谢清华大学艺术与科学研究中心设计战略与原型创新研究所对我们乡村创新教育的支持和帮助，通过他们的研究，为我们在偏远地区的工作提供了有效的指导，让我们能更深入、更长远地开展乡村创新教育。北京宸星教育基金会"石头计划"在偏远乡村开展的手艺传播工作对我来说很有意义。对于那些曾经与我朝夕相伴的非遗传承人，乡村的女工匠尤为重要。我们也希望在这次主题沙龙活动中，向各位专家以及同学们多讨教、学习，共同探讨、传播创新教育更多的可能性。5年前北京宸星教育基金会"石头计划"正是源于乡村教育这个起点，一路走来，我们也开始关注非遗文化在乡村创新教育中的传播。

最开始"石头计划"关注更多的是乡村孩子的教育，我们在这个工作中坚持了5年，为乡村的孩子坚持授课下乡。很多人都是把城市的课程比如套件放到贫困山区去资助，没有专属课程。我们就在做这样的课程研究。在这个过程中，我也有幸接触到了许许多多生活在偏远山村的非遗传承人。2021年开始，我们"石头计划"加入了有关女性传承人的相关内容。我们走进山区的时候，我们看到最多的是留守儿童和留守妇女，一部分留守父母是非遗传承人，坚守在自己的土地上，坚守着自己的手艺，非常不容易。同

图 3　李海飚发言留影

时我们一起携手把这些手艺带给山区的孩子。最大的触动就是在做城乡交流的时候，当我把城市孩子的好东西带下去的时候，乡村孩子觉得很好，但是他没有这些东西他不自信，越学越觉得城市的好，越学越觉得家乡没有自己可以传承的东西。

送课下乡，就是让城乡两地的孩子在教育上，在心理上是平等的。不能说只把城市的优质资源导入下去，一定要基于乡村孩子自身的东西，要看到他们自己内部的东西。我们的孩子大约有 70% 是留守儿童，为什么会有这么多留守儿童，因为当地贫困没有那么多工作机会。那么我们要让孩子看到自己家乡的好，不然他们的下一代还是留守儿童，我们必须去做这种最基础的工作，寻找他们身边的非遗，通过这样的学习让他们建立自信是非常重要的。这样的孩子再次走到城市和我们城市孩子交流的时候，不只是有羡慕，而能有一个平等的交流。这就是"石头计划"现在做的事情，这两年我走访了全国大大小小近百个偏远乡村，在接触留守儿童的同时，也接触到了许许多多的偏远乡村的女性手艺人。在她们身上我看到了一种属于中华女性特有的魅力和美丽，她们有智慧、有韧性、有理想，每一个非遗的记忆在她们手中都得以传承和发展。她们的作品所呈现的是一种刚韧与柔软相互融合的美感。

手艺的传播是非常难的，比如刺绣，给我们的课程就是 45 分钟，没有办法在 45 分钟内完成一个花瓣的教学。那么比如刺绣，我们通过和非遗传承人的沟通，创立了针法的学习，在一节课内教 10 种刺绣的基本针法，剩下的 25 分钟你可以用来创作你想做的东西。我们就实现了在 45 分钟之内掌握刺绣的基本针法，同时开展自己的创作。手艺很多，甚至是千年的传承，降维复杂的工序和过程，让贫困山区的孩子在短期课程里面能够了解它，喜欢它，甚至实践它，这是我们一直在探索的一个内容。我们希望今天的非遗作品探讨会能够激发出更高更大的浪花，让更多的人关注到偏远乡村，关注我们的孩子，同时也关注女性非遗传承人的魅力与发展，通过更多的方式让更多的人了解非遗，学习非遗，传播非遗。

我是一个 70 后，在北京宸星教育基金会实行计划项目送课下乡的工作中，我一直习惯以一个公益人的视角，去理解我所看到的一切。在这个过程中我接触了大量的留守儿童，他们也会有一些很新奇的想法。我们为乡村的孩子开通了很多赛事的绿色通道，对他们做了培训之后，让他们和我们城市的孩子站在同一个赛道上去比赛。我们发现他们同样充满了创意，甚至超越了我们城市的孩子。他们将家乡的非遗技艺体现在他们的赛事作品中，能展示自我，感受到教育平等。

我们这次的特点，也就是双视角选材的特点，就是让大家理解我们70后、00 后两代策展人是以不同的年代的视角来解读今天的非遗文化。我们的基金会的力量其实是很有限的，我们希望能够帮助到一些坚守在偏远乡村，一直为非遗文化事业而奋斗的女性传承人。未来我们会通过文字、网络、图片、资料等形式，继续进行以非遗为主题的送课下乡活动，让越来越多的孩子更加全面地了解非遗，学习非遗。

三、"同理心视角"下的 00 后乡村教育创新探索——杜晨牧

今天能够在这样的学术沙龙里，面对各个领域的长辈们进行演讲，我感到非常荣幸。我自己是一名高二学生。由于个人兴趣和理想，在老师和家人的鼓励和支持下，我能够参与到北京宸星教育基金会的"石头计划"的公益城乡教育活动当中，并且在李海飚老师的带领下共同策划了本次公益展，非常珍惜这样的一个机会。李老师也提到了这个展是从双视角出发，有 70 后的视角还有更年轻一代的视角，也就是我作为 00 后。我在展览会策划筹备过程中收获、学习到了很多。我看到偏远乡村有很多的留守妇女儿童，他们在坚守着一些古老的传承，制作着一些充满美好象征的工艺品，尊重普通百姓对于美好生活的期盼和向往。

这种家的文化常常令人动容，因为看到了很多非遗传承人在新的时代背

景下所做出的一些创新和改变。他们制作的工艺品会参考时代审美的潮流，逐渐变得更加符合大众的审美，甚至造型和表情都做出一些改变，被一些孩子们喜爱，衍生出一些更为实用的工艺品。手工艺人们持续探索，从色彩、造型都在不断变化，他们将故事性、传播性与创新性融入手工艺中。参与"石头计划"城乡交流的 5 年里，我和偏远山区的孩子们沟通和交流，他们非常可爱，也非常积极地跟我学习。

我们城市生活，往往忽略了身边很多充满中国民族特色的这些非遗文化。我希望能够把这些有悠久历史的地域文化和非遗带给他们。我和"石头计划"的老师就一起带着收集到的非遗制品和创新课程，再次回到了偏远山区的孩子中间，为他们进行讲解，传播这些知识，带领他们亲自动手参与到一些非遗手工的制作当中。这个展览里面有很多这些孩子们做的刺绣、剪纸，我觉得都非常精彩，他们很用心地投入到创作之中，每个作品都饱含着他们自己的创意，融入他们自己当地的一些特色。所以，非遗课程的创新增强了孩子们对本土文化的自信，"石头计划"立足于将非遗文化带到偏远地区，我认为正是非遗传播的未来。在我们的非遗意象表达上，我们追求理想、性情、和谐、善良，并且宣扬家庭和睦、勤劳节俭，所以非遗承载的是民族精神的元素，传承的意义正是如此。希望通过我们的努力，让各位可以在文化传播中发声，为世界带来色彩。

图 4　杜晨牧发言留影

四、教育创新凝聚民族认同，重塑民族精神——刘刚

对于创新的基础教育，我认为非常有现实意义，对我们传播中国民族的文化，凝聚民族认同，重塑民族精神，增强文化自信有重要意义。同时，传承还要创新。我是来自青岛市的一名普通教育工作者。我因为工作关系，走访了 100 多所乡村学校，包括幼儿园、小学、初中、高中，在工作当中也做了非常多的尝试和实践活动。针对青岛小学、初中的文化传播项目，包括雕塑、年画、剪纸、皮影等，我们请了 5 位宣传人去调研，做了互动，效果非常好。北京宸星教育基金会给青岛带来的创新课程，团队的非传承人在青岛进行了一周的活动，学生们受益匪浅。学生们的作品虽然非常简单，但是我觉得他们有一个真正的梦想，用他们淳朴的手法来塑造他们的愿望。

在西安交通学校学生们用了他们身边最常见的材料——植物的种子创造绘画，然后把绘画同他们的家庭文化相结合，能够产出这样的创意是需要专业的活动策划和聘请一些专家和非遗传承人，因为学校里边拥有这样的专业背景的教师非常少。所以，未来要建设相应的课程体系，人力和资金的投入非常关键，以此建立一个可持续的、系统性的艺术学习活动。

图 5 刘刚发言留影

五、立足本土传承家乡文化的教育创新思路——穆吉凤

我是来自湖南省邵阳市绥宁县李熙桥镇双元学校的穆吉凤老师，非常感谢北京宸星教育基金会"石头计划"为我们搭建的学习平台。农村是个大舞台，我们双元学校虽然缺乏现代科技资源，远离城市的繁华，但为了改变应试教育的枯燥与乏味，我们立足于本地的风土人情，从家乡文化入手，引非遗进校园，在农村创造了自己独特的文化生活。双元学校位于湖南省西南部的少数民族偏远山区，交通不便，现有学生258名，其中留守儿童182人，占70%左右，少数民族学生128名，占50%左右。学校自创办以来，一直在探索、深耕于乡村土壤上的特色办学之路，逐步形成寓教于乐，寓教于劳的办学特色。

"石头计划"的教师团队特别关心孩子们的成长，多次千里奔波来到学校，为学生上非遗课，其中有非遗剪纸、蜡染等课程，让同学们拓展了思维，打开了眼界，为偏远农村的孩子打开了一扇心灵之窗。为了从娃娃抓起，我们将非遗文化进校园的理论与实践深入融合，促进中华优秀传统文化可持续发展，让非遗文化代代相传，培养学生文化自信，树立民族自豪感，拓展文化育人方式，把学校打造成有利于学生个性发展的平台。在李海飚老师的精

图 6 穆吉凤发言留影

心指导下，我校引进非遗文化，探索劳动美育之路，劳动之美。为了让民族文化意识扎根于孩子心灵，让民族瑰宝传承下去。2021年我校把非遗文化纳入课后服务课程，我们在校园里组建了非遗苗家剪纸团，得到非遗剪纸传承人唐东风老师的大力支持，他亲自到我们学校去授课，深受孩子们的喜欢。

非遗文化在我校得到了很好的传承，绥宁的竹文化享誉世界。在我县民间艺术老师的指导下，我校以竹子为载体，编排文艺节目，成立了一支独具特色的竹子乐队。由于特色教育成绩显著，2022年我校被评为首批湖南省中小学劳动教育实验校，今年4月我校的特色办学得到了中国科学院院士，世界航天奖获得者于登云院士的肯定与指导。2023年6月10日是文化和自然遗产日，我县文化馆以"民族团结一家亲，非遗文化进校园"为主题，举办相关活动，进一步加大了非物质文化遗产进校园活动的宣传力度，形成人人知、人人爱、人人学的良好局面。

实践证明，非遗进校园，让校园成为非遗保护与传承的重要领域，不仅有助于广大青少年认识非遗，增强保护意识，更为重要的是让非遗在青少年心中深深扎根，推进非遗发扬光大，也让我们农村孩子能够快乐学习，幸福成长。

六、将成长与幸福深度绑定的非遗教育创新路径——龙安波

我是来自贵州省榕江县古州镇第四小学的龙安波，很高兴我们学校作为贵州的代表，在全国200多所学校当中脱颖而出，被选中参加这次难得的活动。在此特别感谢北京宸星教育基金会"石头计划"对学校非遗教育的认可。我们学校是一所异地扶贫搬迁集中安置点配套项目学校，2020年9月秋季学期正式启动，解决了搬迁户适龄子女教育问题。我们学校现在有省级名师工作室3个，教学班级50个，目前在校学生是2857人，留守儿童是968人，专任教师121人。学校的办学理念是"成长的学员，幸福的乐园"。基于学校的实际情况，打造有特色的民族地区教育，努力实施实现内涵加特

色新样态的发展。

民族地区也能够做大教育，在我们的理解里，大教育就是要求我们重新定义事关教育一线生态和根本走向的 9 个维度。一是学科；二是学生；三是学习；四是教师；五是家长；六是学校；七是阅读；八是技术；九是生态。我们学校构建了独具特色的课程体系，比如我们可以通过健身修心的课程，教会学生健康的生活习惯，通过各类的特色课程帮助学生储能，特别是我们有了非遗传承的使命和担当，我们也在努力地探索新时代文化传承需要学校做点什么。北京宸星教育教育基金会"石头计划"给我们带来了指引，从规划方案实施、要点提炼、推广均给予了专业的意见，他们告诉我们非遗文化的传承要有时代的烙印，以及如何让非遗文化遗产活在当代。这需要进一步的挖掘和创新非遗中所蕴含的美，将非遗文化融入我们现代的校园。他们还告诉我们如何让非遗在日常的生活当中得到体现和传承。

我们依托民族生态资源，重点开设以走进非遗为主题的项目式课程，有了蜡染、扎染、剪纸的传承和与众不同的民族特色系列课程。通过非遗课程的实施，打造我们学校的民族特色，增强学生的综合实践能力，完善了课程评价体系。今后我们的教育将面向未来，不断创新，为打造有特色、有内涵、新样态的民族地区教育努力。

图 7 龙安波发言留影

七、以人文关照视野继承和发扬优秀传统民族文化——李娟

非物质文化遗产是非常重要的、关乎历史、现在和未来的系统网络。今天我们中华民族高举对于未来的人民关照，重视对自己民族的优秀传统继承和发扬。我是国家级非遗自贡扎染技艺的非遗传承人李娟，扎染技艺源于秦汉时期，自贡是主要的产地，自贡扎染技艺 2008 年被列入我国首批国家级非物质文化遗产，2018 年列入第一批国家传统工艺振兴目录。作为国家级的非遗项目，我们承担着传承与创新的责任。利用李娟扎染技能大师工作室，以导师带徒的方式传承非遗，进行非遗人才培养，累计培训扎染技工 1000 余名，为村民们的创业就业提供了技能支持。我们定期举办技艺比赛，选派优秀的传承人走进院校进行培训，培养了优秀的复合型人才，积极与各大高校进行联动。我们在高校传播扎染技艺的同时，也将高校强大的设计力量引入到了企业，为传播传承工艺奠定了坚实的基础。

同时，我们也将扎染课程送进中小学，把传统工艺的种子在孩子们的心中种下。我们长期致力于非遗文化的传播，近年来以扎染为主线，搭建起讨论美学、传播美学的交流平台，传播积极昂扬的生活态度，这也是我们所倡导的美学生活一直以来想要的模样。为让传统工艺保持旺盛的生命力，我们在传统工艺中挖掘与创新设计理念能结合的点，改善材料，在产品生活化以及跨界融合方面做了很多的努力。我们从 2016 年开始，经过反复的实验，成功恢复了扎染技艺，制作发展计划也多次获奖。我们倡导植物染色技艺，并且灵活运用在成衣、布料、装饰品等领域。我们勇于创新，利用独特的艺术创新思维和娴熟的工作技能，研发的新产品也得到国内专家和市场的高度认可。我们用植物桑蚕丝面料精工制作，镶嵌于金属发钗之上，色泽斑斓、韵味高雅。这种扎染手工艺与汉文化的结合，完美地诠释和引领了国潮风。我们的扎染发钗荣获了 2021 年中国特色旅游商品大奖赛金奖。自贡扎染的艺术作品工艺难度大、耗时长、成品率低，也就注定了它价格不菲。为了不

让这样的精品仅仅成为展览展示用品和收藏品，我们将艺术壁画进行纹样提取，将这些精美纹样运用在我们的产品、包装、服装、广告还有陶瓷上面，将扎染作品的生命力进行了无限的延伸，延伸到了我们生活的方方面面。

我们制作的富有时尚气息的扎染文创丝巾，采用骑马观灯图，荣获了多项大奖。同时还用该工艺开发了扎染冰箱贴、晴雨伞、领带、笔记本、玩偶等许多文创产品，价格亲民，深受消费者的喜爱。自贡扎染技艺以源于秦汉时期的扎染技艺为根基，致力于发展传统手工扎染艺术，传播东方生活美学，将传统的技艺重新定位年轻化、时尚化、生活化的发展目标，传播健康舒适、平和的生活态度和方式是我们努力的方向，期待有更多的人能够关注和支持非遗文化的传承和发展。

8　　图 8　自贡扎染发钗

9　　图 9　自贡扎染文创产品

八、基于在地文化传承独树一帜的艺术价值——张娟娟

我是来自贵州省安顺市的非遗传习人张娟娟，感谢北京宸星教育基金会"石头计划"给我的交流和学习机会。贵州蜡染是中国传统手工艺术之一，源于苗族等少数民族的生活习惯和文化传统。贵州蜡染也被称作贵州蜡花，最早可以追溯到 2000 多年前的西汉时代，它的颜色素雅，有丰富的文化内涵。在贵州的民间艺术中独树一帜，也具有非常高的艺术价值。贵州蜡染特点在于图案的多样化，色彩比较艳丽，也富有比较浓郁的民族风情，其中最具代表性的就是苗族的蜡染作品，图案多以自然景观、传说、动植物为主题，表现出苗族的生活、生产、信仰、文化等方面内容。苗族的蜡染以蓝白为主，体现清新自然的感觉。每一个支系对蜡染的体现方式也不同，这一点从他们的服饰上就可以看得出来。

蜡染除了在传统的生活用品当中，还有一些设计师现在运用到时装、家居用品里面，推出一些比较独具特色的产品。这种创新和变革也有助于贵州蜡染的发展和传承，让更多的人了解和欣赏传统的手工艺品。作为一个非遗传承人，我认为这不仅仅是一种文化，更是一种文化记忆，一种生活方式，是我们对传统历史和文化的怀念。关于如何去传承非遗，让它走进我们的生活，这个问题也是我多年一直探索的问题，我们也尝试着做一些创新。我们尝试把非遗的元素融入服饰与首饰里面，也创作了不少以当地非遗为元素的一些文创作品。我们的首饰类产品特别受年轻一代人欢迎，这让我很高兴、欣慰。这说明非遗文化被越来越多的年轻人看到。

为了非遗文化的传承，我们当地还做了非遗文化体验店，开展了非遗进校园的特色活动，让更多的年轻人知晓非遗文化。我们还定期举办非遗蜡染之旅公益培训，从 2019 年至今，我们开展了 4 期培训，培训人数在 1000人左右，目前培训结果有 80% 左右的人能够达到合格上岗水平。在培训过程中，我发现很多学员都是中年妇女，很少看到年轻人来参与，30 岁以下的女性更少了。我认为非遗技艺需要更多新生代的力量，在做田野调查的

时候，我发现很多年轻人是因为技法太难，学习有一定困扰，所以我们在传统技艺基础上，还做了一些衍生，比如说设计一些首饰类作品。展望未来，我们的技艺也可以得到更多元化的发展和展现，非遗是我们人类文化的宝贵遗产，我们有责任和义务去传承和保护它。

李海飚团队通过乡村教育和产业实践实现艺科融合的可持续发展机制，对艺科融合进行多维度拓展，一方面在理解与尊重科学的前提下，探索自然规律，将科学精神和生命意义相关联，另一方面回归于艺术对人的价值与发展进行人文探索。由清华大学艺术与科学研究中心设计战略与原型创新研究所呈现的乡村工匠创新教育公益方略研究主题展览，不仅关注偏远地区女性民间艺人及其艺术作品，同时采用双视角模式去思考偏远地区的非遗传承。通过展览集中体现民间艺人的生存状态，了解民间艺术在女性手艺人中的传承情况，以及民间艺术对偏远地区的价值和意义。展览呼吁大众对非遗文化和民间工艺传承的关注，与此同时，呼吁社会各界关注偏远地区儿童教育，并提出更多可行性方案改善乡村教育现状。

图 12　活动现场记录

共创设计振兴乡村的实践探索

丛志强

"

　　今天分享的内容是站在一个乡村整体开发旅游的角度，结合这几年自己的实践、探索。我有两个外号，一个是划火柴的人。当时在宁波拍过一个纪录片，还获了中国新闻奖二等奖。还有一个外号是小裤脚，因为天天在村里面，蚊子很多，一开始不习惯，就把裤脚塞紧。我从一个真实的故事开始讲，一个村民发给我一张截图，他很高兴地说丛老师我们村堵车了。他的村子在两座山之间，用他们自己的话来讲，可能除了亲戚朋友很少有外人去他们村。项目做完之后，直到现在游客非常多。

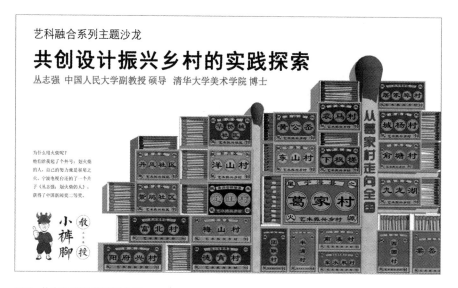

图1 丛志强老师的演讲主题

我演讲的题目是"共创设计振兴乡村的实践探索"，里边很核心的是共创。共创设计三个方面，第一个是为什么共创；第二个共创设计是什么；最后是共创设计怎么做。首先，第一个为什么共创。从三个方面解释，第一个方面是现实问题，我做很多地方的乡村振兴，例如，浙江、贵州、四川、河北等。多数村子还存在一种普遍问题，就是村民不主动，就是他处于一种"等靠要"的状态，不自信、不赚钱，这和非遗一样，很多人尤其年轻人不愿意去，一个原因就是他自己无法赚钱，或者无法赚到他理想的数目。第二个就是对这个村子来讲，村民才是核心。因为现在很多做乡村振兴，从建筑从规划等都可以，但是也不能忽视了从人去做。第三方面是国家导向，每年的中央文件都会提，一定要把农民调动起来，否则只靠外人做乡村振兴很难。

其次共创设计是什么。共创设计就是以村民的全面发展和主体回归为目的，针对这个问题，借助多元的力量。这些力量在乡村振兴的过程中，在工匠和旅游的链接里，都要参与，这绝不是某一种力量或者某两种力量能够解决的。然后利用村民自身的技能。我们做了很多村子的振兴项目，非遗传承人就是普通的老百姓。当然有些村子也遇到一些传承人。首先就是他的技能，然后会和他的闲置空间，本地材料，本地文化全部链接起来，提升创业和创造的能力，所以，核心还是给村民赋能。

那么，共创设计和我们现在谈的设计到底有什么区别？现在更多的设计还是造物逻辑，设计师创造，然后服务。设计师设计一个手机，然后卖掉服务于消费者。共创设计就是村民一定要进来一起干。当然设计师去设计水平肯定高，但是那是一种评价标准，一种评价体系。但如果评价体系的维度换掉，设计师就不一定能拼过村民了。做共创设计产生了非常多的效果，不管是实实在在的挣钱，从培育人到村集体的增收，还是到国家的关注各个方面。

最后是共创设计怎么做。我今天谈里面最重要的几点，这个和乡村的工匠有密切关联，这里面当然也有一部分案例也会体现出来。两个抓手、三个

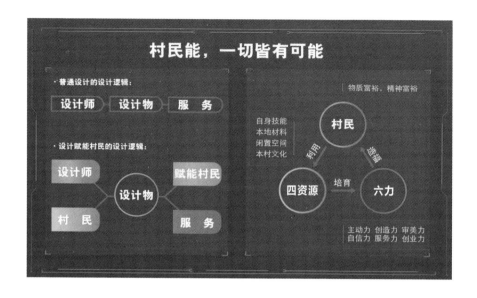

2	图 2 乡村振兴的共创模式
3	图 3 乡村振兴项目的成果展示

法则、四大力量、五大模块去做共创设计。共创设计两个抓手是文化深耕和整村运营。乡村最有文化，非遗就是文化。再一个很重要的点，就是整个村子的运营，否则东西做完之后，不去专业运营的话，它很难转化成市场价值。我们做文化深耕有三类文化，一个乡村的大文化，比如说扎染村；第二个家庭小文化，我做的这套模式被浙江省确定为十大模式之一，叫文化深耕模式。其中一个很重要的原因就是在关注乡村大文化的基础上，关注了每家每户的小文化。再一个村里有很多的故事，然后整合运营。

三个法则，先从两个方面去切入，第一个一定是赚钱，其实乡村的问题都差不多，老百姓不赚钱，村集体收入不行等，使文化传承受到影响，因此我们更重要的其实是要关注他的财富。第二个是造物育人，就不能只是来到一个村，把物质层面干掉。育人的责任，今天上午很多老师分享育人，从小学开始。因为我也在贵州大凉山，一个那么小的村子，一二百个留守儿童，如果他们成长不起来，乡村振兴很难，因为未来可持续也特别重要。

其次，四大力量缺一不可，不是单纯地靠设计师和高校、基金会、非遗传承人去解决。应该是四个力量，党政力量、设计赋能团队力量、社会力量、媒体力量。我每做一个村子就是这四大力量同时发力，所以效果可能更好一些。举一个例子，社会力量，这是葛家村一个真实的案例，这个村的乡贤从最早投一个 3 万块钱的小酒吧，后来又投了 300 万元的一个民宿。再后来有一个在外面事业有成的企业家回来做了一个 3000 多万元的高端民宿。

然后是五大模块。第一个挖宝、第二个育人、第三个造物、第四个创业、第五个运营。首先是挖宝，挖宝各个方面，人、居、山、水、田、林等。我们挖到的每一个宝都会填表格，建立这个村子的财富档案。你所有一切从这开始。

然后是育人，快速育人。因为农民有自己的特点，乡村有自己的特点，这种特性决定了我们可能要这样去做，和城市的打法不一样。而且我们一定会每次培育完对方也会有很多用。有一些项目入选了国务院扶贫办的行动案

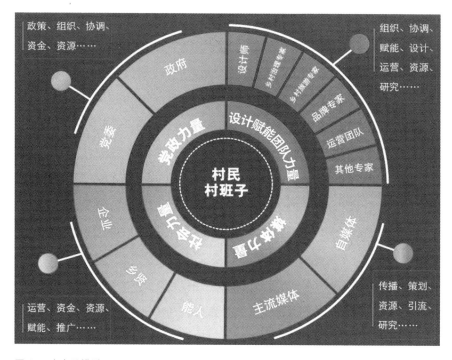

图 4　四大力量模型

例。当时在做的时候，央视导演在直播卖货，新开发出来的两个小时都能卖光。每一次结束，我们会把这些村民请到舞台中央，他们是主角，他们是主体，不是设计师。要给他们搭舞台，培育村民六种力量，主要运用七种方式，每一种方式都是真实的。

　　然后是造物，其实造物可能和工匠更有直接关联，因为我是站在旅游村的角度来做，第一个是有用，第二个是好玩，第三个是故事，第四个是赚钱，第五个是引擎，第六个是家景。把家庭空间变成景观，然后再融入业态。有一个会竹编的村民，其实他没达到非遗传承人的水平。但我一看会竹编，除了原来的竹编和文创之外，我就想能不能做点别的。后来就做了一个 6 米多的大竹帽子。这个竹帽子在城阳村，一点不夸张地讲，这个竹帽子能给这个村引来大量游客。很多人来到这个村一定会找城阳大草帽。这就是非遗的力量、工匠的力量。乡村旅游吸引物、公共装置，这些东西我也在慢慢反思。为什么这种东西看起来很俗，但对于旅游来讲非常有效，可能旅游目前还是一种大众文化、大众消费。

之后是创业和运营。比如说做蜡染，我会开一个蜡染馆，但是我在蜡染馆里面同时融入快消品业态，就能双保险。只做蜡染再创新也不一定都卖得好。但是在蜡染馆里面，我再融合咖啡。每个村后来会有专门的运营团队，运营这个村子。老百姓知道能挣钱了就愿意去工作。

结合多年乡村振兴、乡村旅游项目的设计规划经历，我提出了"村民能，一切皆有可能"的设计新策略，即乡村振兴不仅依靠设计师的力量，呼吁更多利益相关者共同发力，形成的共创模式将成为打造乡村可持续生态体系的关键途径。在一线实践乡村振兴非常艰辛，但是与其躲在大公司里面做设计，我更看好设计师可以进入到中国一线的社会和乡村中去展现我们的才华，加上互联网的推广，乡村振兴未来的社会、文化和经济价值将非常可观。"

人、居、业、文、山、水、田、林

① 村民技能档案（全村）
② 村庄闲置空间档案（村、民）
③ 村庄文化档案（大文化、家庭文化）
④ 优势自然资源档案
⑤ 已有经营业态档案
⑥ 老物件档案
⑦ 垃圾死角档案（小到1平方米）
⑧ 有经营经历、兴趣的村民档案

图 5 挖宝建财富档案

乡村创新教育新范式

朱碧云

"

今天跟大家分享一下乡村创新的教育新范式。一开始接触到乡村创新题目，是接到委托做一项大赛的评判系统调研。当时我们做了大量案例调研，解读相关新政策。在这期间我也从中了解到，这个大赛背后更多的是希望看到工匠们的产业创新，用这样比赛的方式以赛促学，以赛促建，这不仅仅局限在青少年群体中，而是面向乡村全体人员，做好创新创业，打造乡村全面振兴。我分享的第一部分将从"石头计划"中的乡村创新教育新范式展开，并分享学生所做的乡村创新设计案例。"石头计划"是结合劳动教育和非遗文化，以乡村孩子为基石，以人才培养为基础，以非物质文化遗产为载体，挖掘当地的文化特色，开展课程研发。不仅将城市的课程带到了乡村，又将乡村本土的文化向城市进行传播，达到了城乡双向交流，真正能够增强乡村孩子对地域文化的自信。这也让我们看到了乡村创新教育的一个新范式。同时各位传承人也在自己的传统技艺上不断创新，比如说蜡染画、彩色剪纸等。还有用网络课程的方式去直播教授刺绣课程。

第二部分是以创新推动乡村振兴。乡村振兴是国家战略，"十四五"规划中明确了要全面推进乡村振兴。如何做好创新创业，以创新来推动乡村振兴，是我们一直要去思考的。乡村振兴的关键在人，要坚持乡土凝聚人才，想要留住人才，就要有相关的产业、岗位去提供一些具体保障和收入。因此应该鼓励创新创业去做一些产业带动。要围绕乡村本土的研发和工匠的技能及产业创新为目标，建立企业孵化基地，再组织专业团队共同孵化乡村产业。

1	图1 "石头计划"
2	图2 "石头计划"的艺术成果
3	图3 学生乡村创新案例

图 4　西瓜庄园创意设计项目

　　最后，介绍一下学生做的一些创新案例。我们带着北京城市学院学生为顺义区杨镇低收入村做了一个实践项目。当时去和村书记了解情况之后，知道他们最大的痛点是收入低，需要我们带动增收。我们做了一系列的服务设计去带动他们的产业发展。这个创意源于他们本地的特产麒麟西瓜。学生们是以西瓜为主题，策划了旅游文化活动节——西瓜活动节，还做了很多配套服务设计，希望能把更多资源利用上。包括让游客来到乡村之后，逗留更久，使增收可能性更大。他们就做民宿设计，做相应的配套设施设计。还有村内的一些旅游景点方案设计，村内的交通路线规划方案设计，西瓜活动节品牌衍生周边的营销方案设计。当时也请了学校经管学院的一些老师，共同去出一个商业计划书，最终有一定成效，后续会继续推进。

　　北京城市学院的师生设计团队经过多年的乡村创新教育实践探索，展示了乡村教育中的现实问题与挑战，以及如何在挑战中获得新的发展机遇的实践历程，并以学术报告的形式加以呈现。

手工与设计素养的培育

赵颖

"

　　我今天给大家分享的主要内容是北京补绣手工艺对于当代人的价值探索。首先我是女工匠，我也做了很多创新教育公益活动。因为我专业的原因，我看待手工艺的视角不是很一样。我做北京补绣源于我的家庭，我的母亲和外祖母都是从事北京补绣这一门手工艺的手艺人。北京补绣是第五批的国家非遗，南北朝时期，很多的地方都有类似的手工艺。北京补绣可以分为宫廷补绣和民间补绣两种，宫廷补绣主要是给皇家使用。我所关注的是北京的民间补绣，主要是给百姓使用，题材以花卉植物、民间生活为主。材料主要是以纯棉织物凤尾纱为主，功能主要是为缝补衣服使用。我更关注的是这个手艺它为什么会存在，为什么会在一段时间内被大众使用。北京补绣主要是三部分，挑、堆和绣。比较著名的是在北京雍和宫的《绿度母像》。

　　其中，堆绫绣是民间补绣的一种表现形式。它的发展从南北朝时期就开始了，明清非常盛行，新中国成立之后，北京建立了一大批将北京补绣技艺用于日用品的工厂，到了 20 世纪 90 年代末，由于生产力限制、需求饱和等原因，大批工厂倒闭，北京补绣逐渐被人遗忘。2007 年，北京补绣入选了北京市级非物质文化遗产。到 2021 年又成为第五批的国家级非物质文化遗产。出于情怀，我希望它能流传下去，我觉得它有几个优点。首先，入门相对简单，其次，材料成本比较低，最后，非常适合合作。我觉得这些祖宗传下来的手工艺其实有非常大的精神价值，对我们现代人来说就是工匠精神

图1 北京补绣工艺的公众展览

和文化自信，我们现在每一个中国人心中都有非常强烈的感受，而且近些年来越来越强烈。而我们的非物质文化遗产无论是哪个地区的，都能够带给我们很多人强大的文化自信。

普通人其实对于咱们的老手工艺非常好奇，但是可能时间有限，没办法全程去学习，但是又希望有一些机会可以去学。那么作为紧张工作生活中的一种放松也好，疗愈也好，让我们在做手工艺的时候，有一个短暂的休息和体验。我在想从精神价值和体验价值两个方向去做，一个是把非常棒的老手艺进行有效传播，再有一个是去满足更多忙碌的城市人的精神需求。

图 2 《绿度母像》

　　我们做了很多调研，同时也带着我的同学们去做一些实践，比如说带我们做的文创产品去参加市集，发现很多年轻人很喜欢，很感兴趣。然后我就做了很多关于课程的公益性体验工作坊。我们也去过乡村，在河北易县做培训课程，其中，爸爸妈妈一起跟着孩子做，一边做，一边沟通，一边交流，这是一种促进家庭和谐的方式。因为我是老师，所以我经常也在思考把这种传统的手工艺带入大学的课堂和设计的教学之中。我觉得它的价值首先是一种补充，当我们去接触材料，接触到纸，接触到布，接触到线，接触到针的时候，是一种真实的体验。对于很多在城市的年轻人，在学习设计的过程中，有这些体验是非常有价值的一件事。

图 3　课程体验现场

我们也做了一些创新，例如把补绣和 AR 结合。如果是用我们专门开发的 APP 扫描的话，会出现立体 AR 形象。有个作品叫《大傩逐疫十二兽》，设计新的神兽形象，然后把它跟补绣工艺结合。这只小鸟叫作伯奇。据古文记载，伯奇食噩梦，是一种美好的寓意。因为我们是印刷学院，所以做了一些跟书籍相关的，把补绣的故事简单绘制出来，然后书中放了小朋友可以自己体验的材料包，最终成果是做成一些饰品。这个书其实是产品和书籍的结合，希望作为一种新的传播方式能让更多年轻人接受。

此外，还要关注传播体验的价值，我们在做工作坊的过程中，做一些手艺活，不自觉地会跟周围人去交流，尤其是对于当代人来说，安安静静在那做一个项目，很放松。一位同学因为长期照顾病患，精神压力很大，他觉得在补绣的过程中，能让自己暂时放下精神上的压力。我们还将补绣和编程结合起来，做了一个可以交互的蝴蝶形象，当手触摸传感器的时候，心跳越快蝴蝶扇动翅膀越快。

此外，我们发现周围还有一群特别可爱的老年人，我组建了一个北京补绣的小社团，里面有一大批退休老人，他们自己在做一些作品。我觉得很多老年人非常感兴趣，会把补绣作为他们生活中的一些小寄托。综上所述，整个汇报以北京补绣工艺的价值探索为例，介绍了北京补绣工艺的基本工艺流程与文化底蕴，以及在北京补绣文化传播工作中的思想感悟与实践探索。通过团队设计实践不仅将北京补绣的精美作品加以展示，还全方位展现了补绣手工艺所独具的文化生命力。

"

图 4 《大傩逐疫十二兽》

图 5　书籍设计

知识拓展

石头计划

　　"石头计划"是北京宸星教育基金会专门针对贫困贫教地区开展的创新教育扶贫项目。主要利用城市的创新教育资源，针对贫困地区特点，进行特色课程的研发和普及。开展了"大篷车送课下乡""线上线下公益课堂""乡村师生走进高校""城乡学生赛事交流"等一系列创新教育公益活动。"石头计划"针对贫困地区特点，挖掘当地文化特色，因地制宜开展课程研发，培养贫困地区儿童的地域文化自信。先后挖掘出大量将少数民族文化、始祖文化、红色文化相结合的创新课程。同时，"石头计划"发起"石头计划看世界"的课程征集活动，获得国内外爱心人士的支持，收获了来自世界各地的关于石头的视频故事，为山区的孩子们打开了看世界的窗口。"石头计划"还开展了阅读、制作、写作、绘画等综合类课程，让贫困地区的孩子在山区就能体验到丰富多彩的创新课程，弥补了部分贫困山区创新教育为零的缺口。2020年，"石头计划"开展了回流式教学课程研发的探索，以山区需求为己任，因需而研，开发了"玄奘之路"创新课程，将历史、人文、科技融为一体，打造主题式综合创新课程，利用"大篷车送课下乡"，流动送课到校，广受欢迎。

自贡扎染

　　自贡扎染，古称蜀颉，起源于秦汉时期，是流传于巴蜀的地方传统手工艺术。自贡是自贡扎染主要的产地，自贡扎染工艺性强，以针代笔，无一雷同，色彩斑斓，款式多样，扎痕耐久。近年研制出棉、麻、丝、缎、皮革、绒等质地的多色套染，永隽雅秀、韵味天成，图案设计富于情趣，特色浓郁。

贵州蜡染

蜡染，是我国民间传统纺织印染手工艺。蜡染是用蜡刀蘸熔蜡绘花于布后以蓝靛浸染，蜡染过的布面就呈现出蓝底白花或白底蓝花的多种图案。同时，在浸染中，作为防染剂的蜡自然龟裂，使布面呈现特殊的"冰纹"，尤具魅力。由于蜡染图案丰富，色调素雅，风格独特，用于制作服装服饰和各种生活实用品，显得朴实大方、清新悦目。作为一种生活方式的"艺术"，贵州蜡染是贵州民俗文化活动中不可缺少的重要内容，不管是岁时节日住房的装饰还是婚丧嫁娶人生仪礼，也不管是民间宗教信仰祭祖敬神还是服饰佩带织绣花样，各式各样的蜡染工艺织染活动，都与贵州特定的文化背景与生活环境密切相关。

北京宫廷补绣

北京宫廷补绣源远流长、深厚精湛、用料讲究，主要原料是绫、罗、绸、缎、绢等。工艺制作主要有画毛缝、剪纸板、贴棉、开纱、拨花、攒活、绣花蕊、纺织、匀针、刺绣等环节。北京宫廷补绣俗称丝绫、堆绣。源于辽金，奠基于元，盛于明清，是我国古老的刺绣技艺。

乡村工匠

乡村工匠是指农村社会中依靠手艺为农民的生产、生活服务，并以此谋生的人。他们的手艺一般都是祖传或者跟着师傅学习获得的，是一种经验的积累和传承。在中国传统农村中，乡村工匠包括木匠、铁匠、泥瓦匠、厨师等，其他如从事缝纫、刺绣、编织、织染布、修理、农具制造、酿造等的手工业者也属于乡村工匠之列。

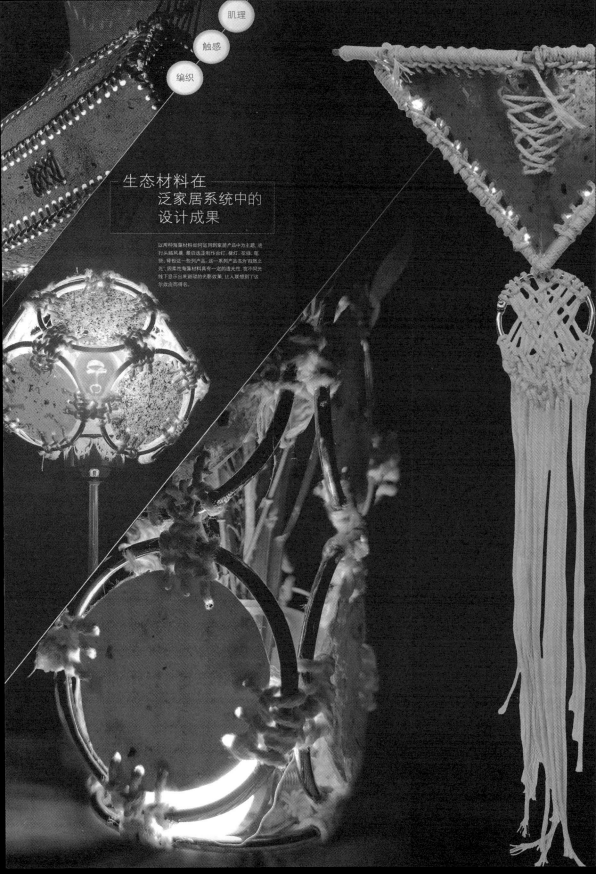

肌理

触感

编织

生态材料在泛家居系统中的设计成果

以两种海藻材料如何运用到家居产品中为主题，进行头脑风暴，最后选定制作台灯、壁灯、花插、笔筒、背包这一些列产品。这一系列产品名为"自然之光"，因柔性海藻材料具有一定的透光性，在不同光线下显示出来玻璃的光影效果，让人联想到了达尔放虚而得名。

设计与教学研究

——设计研究与教学实践

主　　持：蒋红斌
主题发言：赵妍　张天朗　王琳　林佳　章靲玲

设计创新的底层逻辑是生活方式与生产模式因时代而发生的变化。

以技术原理和生活方式展开的设计探索，关键在于建立两者间的联系。

设计思维可以划分为三个层次，即产品器物层次、企业组织层次和社会生态层次，三者存在渐进式思维逻辑关系。

认知摩擦意味着新的挑战和机遇。交叉学科联合课程中，给不同学科背景的同学进行思维模式的对接与碰撞提供了机会，最开始的认知融合必然是困难的，但是这种认知摩擦也是设计产生新的缺口的开始，因此，设计思维的学习过程中产生认知摩擦十分重要。

艺科融合的设计研究与方式创新

赵妍

"

首先，从全球视野中分析家居产业出现了哪些新趋势、新材料、新工艺，从中发现生态材料已经不断深入日常的生活与生产之中。寻找家居产业中新趋势的内部逻辑，会发现人们生活方式和生产模式的转变是产生新趋势的主要推动力。

于是，以中国家居产业未来趋势为研究的主题锁定三个主要机遇。第一是兼顾功能与审美的生态材料在家居系统中的应用与推广；第二是以健康、社交与娱乐为内涵的智能化家居产品设计；第三是凸显中国精神内涵的文化家居产品设计。

进而聚焦如何将家居产品 CMF 设计与生态材料相融合。所谓的 CMF 设计包括：色彩、材料和加工工艺，这三个方面对整个家居系统构成了极大影响，包括家居空间中的地面、墙面、卫浴、家具、灯具等都有涉及和应用。进行系统分解发现由新科技、新材料和新应用所驱动的 CMF 系统创新中可以融入生态可持续材料，达到提升家居环境和审美品质的双重促进。

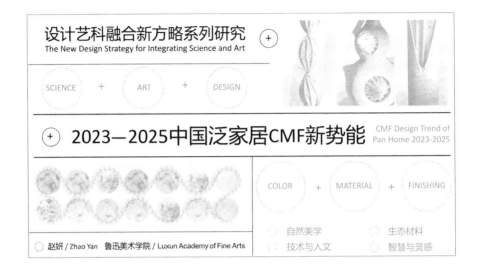

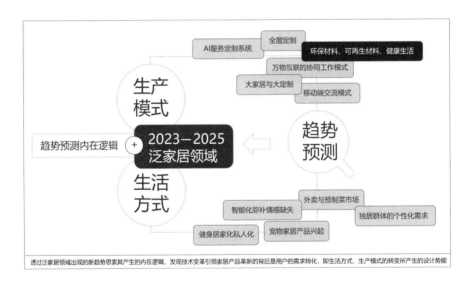

1   图 1 汇报主题
2   图 2 新趋势产生的内在机制

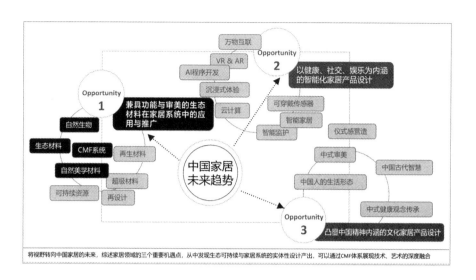

将视野转向中国家居的未来，综述家居领域的三个重要机遇点，从中发现生态可持续与家居系统的实体性设计产出，可以通过CMF体系展现技术、艺术的深度融合

目前CMF在家居领域的应用从实用到装饰已经开展全产业链普及，材料、颜色和工艺质量所驱动的设计美学与用户所期待的产品魅力品质对接

3 　图 3　中国家居趋势预测

4 　图 4　家居产品的 CMF 分析

　　将关键信息聚焦生态可持续的设计策略。研究生态材料需要理论支撑，首先从国家发展政策上，近些年生态文明和生态可持续相关的政策构成了第一个层次。第二个层次是关于生态材料的研究，目前许多研究著作提供了先进的研究方法。结合理论和政策支撑，进而对生态材料进行性能、形态、结构、原理还有系统等方面的分类。接下来尝试去定义我们该如何开展对于生态材料的研究。第一个研究方向是"超级"材料，第二个方向是自然美学材料。所谓的"超级"材料不仅是某些不可持续材料的替代品，它还可以在技术、工艺、材料复合还有生态性能上有所突破和创新。而自然美学材料具备天然属性，它不仅仅是用户进行审美表达的重要方式，根据科学研究发现，自然材料可以达到一种心理疗愈的效果。

　　以下案例分别从超级材料和自然审美材料提供设计思路。例如，BioFactory 壁挂式海洋生物工厂系统，它是一种提供活性生物功能的系统，不但可以帮助调节、冷却空气，未来有可能代替空调形成一种新的生活方式。再转向自然美学材料的案例，利用 3D 打印与新的加工工艺，产出的生态材料不仅具备自然的美学性质，而且还可以通过先进生产工艺营造参数化的视觉效果。

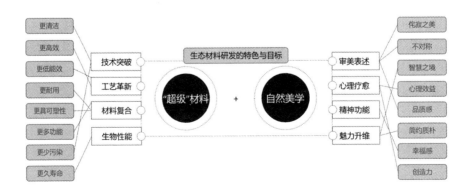

图 5　生态材料的研究方向

生态材料与设计的关联研究专著							
文献							
	The Closing Circle	Permaculture One	The Hannover Principles: Design for Sustainability	Biomimicry: Innovation Inspired by Nature	Permaculture: Principles & Pathways Beyond Sustainability	Cradle to Cradle: Remaking the Way We Make Things	Nature Inspired Design	Bio Design: Nature Science Creativity
时间	1971	1979	1992	2002	2002	2002	2012—2015	2012
作者	Barry Commoner	Bill Mollison & David Holmgren	Sim Van Der Ryn	Janine M.Benyus	David Holmgren	William McDonough & Michael Braungart	Erik Tempelman et al.	William Myers & Paola Antonelli
贡献	首次将自然界的可持续规律总结成"生态四法则"	提出朴门永续概念	为汉诺威举办2000年世博会制定可持续的设计原则	提出生物模仿概念	提出朴门永续的设计理念和设计原则	提出从摇篮到摇篮的设计理念和设计原则	提出NID（自然灵感设计）设计方法和原则	提出生物设计理念

理论基础：生态材料具备良好的使用性能，同时对生态与环境造成污染小，其再生利用率高或可降解循环利用，可与生态环境相互融合，对环境有一定的修复净化功能

6   图6 生态材料与设计的关联研究专著

7   图7 "超级"材料的案例

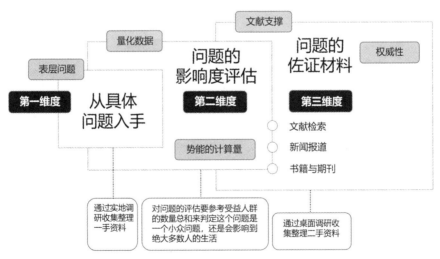

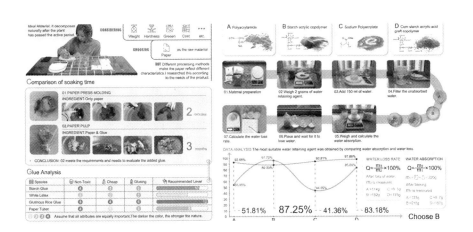

图 10　材料实验记录

　　以海洋生态材料设计为例，首先，调研方法可以分为三个层次。第一个层次是从实际中去寻找一手资料；第二个层次通过一些数据支撑，证明材料的广泛应用性；第三个层次需要提供佐证材料，包括权威性的文献、书籍、论文等。在实地采集材料的过程中，我们可以了解每一种材料的生态习性，这些会为如何结合材料的在地属性去开发产品提供依据。接下来到了实验阶段，我们鼓励同学先规划好实验的步骤，可视化的呈现可以给团队进行设计迭代提供有效依据。在记录过程中，很多同学喜欢只把成功的实验结果加以呈现，我们希望每一个同学都如实地记录，虽然存在许多失败的案例，但是失败确实是非常宝贵的记录，以启发和反思实践的方向。下面的环节是生态材料的实验产出，在产出阶段我们会给出阶段性的材料成分配比和测试清单，对于产出的样本，我们的目标是制作海藻皮革，这种皮革它在静态材料实验和动态材料实验中能否达到预想效果，这需要进行不同的测试，其中包括冲击、载荷能力等实验。

　　那么，我们产出的材料样本会如何应用于设计之中呢？这需要我们好好思考，许多再生材料用于做杯子、花瓶等物品。我们对这些物品进行洞察和反思，再去考虑材料的用途。那么，我给大家提供三个线索，第一个线索我们可以考虑一下材料的应用领域和在地属性，每一种材料都有自己的在地性，如果结合材料生长的人文因素、社会因素、自然因素去考量，那么，材料会不会和所在地区的原住民形成一种更自然的联系；第二个线索是用户的接纳程度，用你的材料所制成的产品去形成一种新的文化链接，让你的用户从喜爱它、使用它，甚至到依赖它，我们可以通过情感去制造一些用户的文化认同；第三个线索是材料应该具有"超级"性能，并且确保我们的材料从生产到使用再到最后的回收，整个过程是环保的、安全的。再生材料能够给用户带来非常好的体验的同时，不能给环境造成任何新的负担。这三个层面想清楚再去实施设计。所以，我提出两个评估的指标，第一个指标是对生态材料本身的评估，我们可以分成 5 个部分进行评估。第二个指标是使用生态材料制造的产品的评价。

举个例子，同学去东北农村实地选材，找到了两种材料，第一种是丝瓜纤维，第二种是玉米叶。玉米叶可以作为一种编织材料。通过编织制作一些乡村教具和文具，这样的产品可以服务于当地的小学，例如，给小学提供物理教具和文具。另一个案例是海藻皮革，我们会发现如果按照说明书进行100% 无污染的材料生成，它会极大地弱化产品的美观度和使用质量，面对这一现实问题，我们采用模块化的方式，并且结合编织技艺，这种编织技艺传承自绳编文化。最后，把海藻皮革进行模块化处理，然后用绳编的方式加以连接，形成一系列的家居产品，其中包括背包、花插，还有台灯。当灯亮起来的时候，其中的肌理效果会给人一种非常自然和舒适的审美体验。同时，我们要证明材料是环保的，最好的方式不是文献，而是实验。我们以 60 天为一个实验周期，然后用一些催化剂把海藻皮革材料加以降解，观察每一个阶段材料的降解程度，证实它确实可以在使用寿命结束以后，对环境没有产生新的负担。

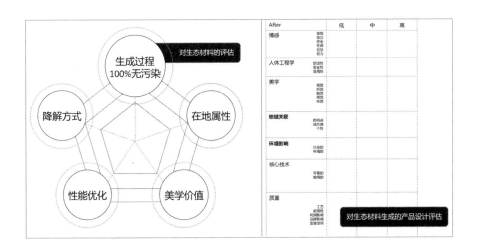

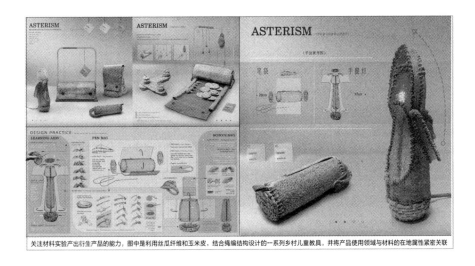

关注材料实验产出衍生产品的能力，图中是利用丝瓜纤维和玉米皮，结合绳编结构设计的一系列乡村儿童教具，并将产品使用领域与材料的在地属性紧密关联

11 　图 11　再生材料设计参考标准

12 　图 12　生态材料教具设计

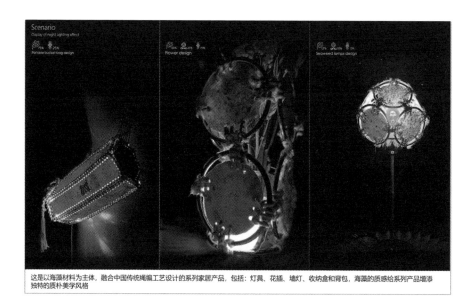

这是以海藻材料为主体，融合中国传统绳编工艺设计的系列家居产品，包括：灯具、花插、墙灯、收纳盒和背包，海藻的质感给系列产品增添独特的质朴美学风格

图 13　海藻材料系列家居产品设计

　　通过以上案例分析我想谈一谈关于生态材料设计项目，我们应该有哪些研究性策略。首先，从宏观的角度来讲，生态材料的终极目标是让用户回归到美好的生活体验之中。其次，以生态材料驱动产品 CMF 设计新势能，从材料的品质提升到如何去增加用户的审美体验，再到扩充服务流程等。最后，思考如何让生态材料发挥更大的价值和社会影响力。

　　汇报的最后环节以鱼鳞生态材料系列产品设计为例，就这个项目所涉及的产品设计、服务设计和交互设计三个方向的建设谈一谈我们是如何从产品器物层，逐渐上升到服务系统层，最后提升大众意识，在产品与社会之间建立更好的关联性。整个的项目分成 5 个阶段，第一阶段是产品基础调研，实地和桌面调研结合，呈现材料研发和产品创新的信息；第二阶段是实验与材料样品的产出与迭代，这个过程要经历很多轮的试错；第三阶段是材料的使用思考，建立材料跟用户之间关联；第四阶段是思考材料的环保因素，提

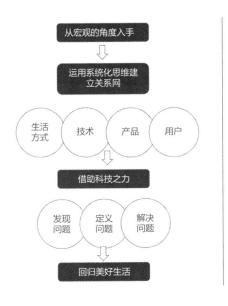

图 14　生产材料研究策略

出零浪费的材料产出策略；第五阶段是呼吁大众参与，建立用户的环保观念，让大众不仅成为环保材料的使用者，而且成为生态保护系统中的实践者，这样的设计才是真正的成功。所以，设计创新最重要的核心目标不在于我们产出好看的材料，而在于给大众带来哪些影响。通过案例从产品层、企业层、社会生态层这三个层次，以产品设计或者材料研发带动整个设计维度从微观维度向宏观的维度提升，形成研究框架。

　　综上所述，我们在设计教学中不断尝试引入新的设计观念和研究方法，带领师生团队就生态材料创新专题展开理论研究和实践探索，融合泛家居系统设计、生态可持续设计、生态材料实验、参与式共创设计、青年人未来生活方式洞察、社会创新等理念与目标，形成一个有机的社会创新生态体系，从微观产品设计创新到宏观设计战略，从产品层、企业层再到社会生态层升维，不断优化并驱动设计势能的社会号召力与影响力。

"

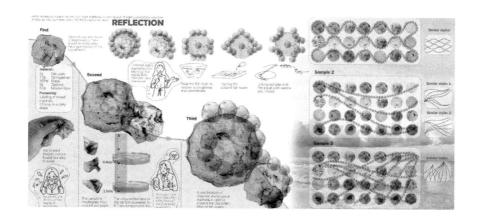

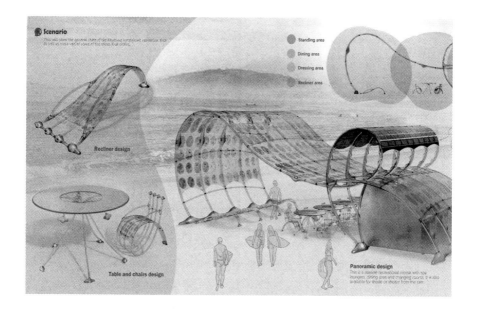

15 图 15 材料实验过程展示

16 图 16 柔性材料的产品设计应用

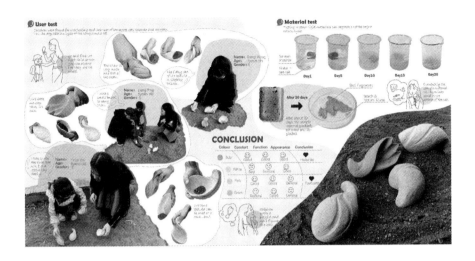

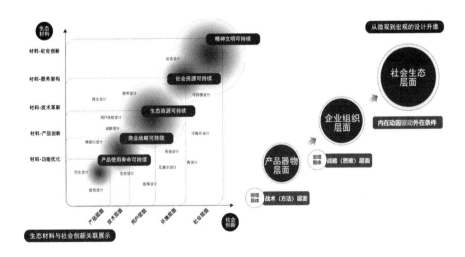

跨文化背景下的青年时尚观念与设计趋势研究

张天朗　王琳

"

今天的汇报主题是以跨文化研究为背景，聚焦美国年轻人群体的成长特征和轨迹，以及国家社会形态与文化熏陶，来预测未来有可能会形成广泛共识的设计趋势。第一，一个主流趋势是我们越来越被技术和社交媒体所围绕，每天花大量时间在网上，使用各种社交媒体平台与朋友联系、创造性地表达自己。这已然成为当前美国年轻人的一种新生活方式。根据 2021 年皮尤研究中心的一项调查，18 ~ 29 岁的美国人中有 81% 的人使用 YouTube，69% 的人使用 Instagram，67% 的人使用 Snapchat，以及 65% 的人使用 TikTok（抖音）。例如，Kylie Jenner(凯莉·詹娜) 在 Instagram 上拥有大量粉丝，是这个社交媒体软件上粉丝数量排名非常靠前的娱乐明星。她在 2014 年开始使用唇部注射来增强自己的唇形。这一趋势迅速传播到全球，导致许多人开始接受唇部注射来实现更丰满的唇形。她的品牌产品和穿搭风格广泛受到年轻人的追捧，相关品牌在 Instagram 上有大量的粉丝，Kylie Jenner 本人也会经常分享产品和化妆教程。这种线上营销模式为其他化妆品品牌树立了新的标杆。

随着社交媒体的普遍应用，许多美国年轻人正积极致力于在他们的社区和学校，推动社会的正义和包容性。这也侧面影响到了时尚圈，现在很多的风格和设计，以及在 T 台走秀和广告活动中，都会展现出包容性和多样性这两个特点。最近的时尚潮流十分鼓励实验和寻找个人风格。这导致年轻

图 1 Kylie Jenner 的美妆品牌产品

人对定制、时尚和原创产生了更多的兴趣和关注。

　　第二，在新饮食的习惯方面，与前几代人相比，Z 世代更倾向于消费植物性肉类替代品，这些产品由于对环境的可持续性影响和减少肉类消费的健康益处而获得欢迎。根据 Morning Consult 的调查，37% 的 Z 世代消费者尝试过植物性肉类替代品，而千禧一代和 X 世代的比例分别为 28% 和 23%。由此推断，Z 世代更有可能接受素食主义作为一种饮食选择。根据素食协会的调查，美国 42% 的素食者年龄在 15 ~ 34 岁之间，这表明年轻一代对植物性饮食的兴趣越来越大。此外，近年来，餐馆和杂货店中的素食选择数量大幅增加，反映了对素食产品需求的不断增长。

　　第三，越来越多的人被认定为少数种族或族裔，这推动了时尚界的多样

图 2 可持续服装品牌

性和包容性，设计师和品牌创造了吸引更多样文化背景和身份人群的服装和饰品。近年来，美国对不同性别和性身份的接受度提高，创造出了包容性的时尚，中性风格的衣服也越来越受欢迎。美国正在努力解决日益严重的经济不平等问题，因为许多人都在为生计而挣扎。这导致了可负担和可获得的时尚兴起，以及对旧衣服升级改造的关注提升。

第四，扎染在最近几年卷土重来，许多设计师和品牌在他们的服装设计中融入了这一色彩斑斓的俏皮细节。这一趋势通过 TikTok 和 Instagram 等社交媒体平台得到更多的普及。随着人们对环境的日益关注，近年来，可持续时装在美国越来越受欢迎。设计师和品牌正在想方设法重新利用材料，从现有的作品中创造新的服装，以及使用环保材料和生产方法。例如，Everlane（埃韦兰斯）是一家美国时尚品牌，主打可持续时尚和透明供应链。该品牌承诺向消费者提供高品质的服装和配件，并采用环保材料和生产方式。

Patagonia（巴塔哥尼亚）是一家美国户外品牌，一直以来致力于环保和可持续发展。该品牌的产品包括户外服装和配件，采用环保材料和生产方式。Adidas Parley 是阿迪达斯的可持续时尚系列，与 Parley for the Oceans 合作，利用专门的技术和设备，收集海洋塑料垃圾并将其运回工厂。将收集到的海洋塑料垃圾加工制成环保的面料和纤维，用于鞋类和服装的生产。Adidas Parley 的面料和纤维与传统面料相比更加环保，因为它们是由回收的塑料垃圾制成的，可以有效地减少对环境的影响。

第五，二手服饰市场的商品已经不仅限于传统的衣服、鞋子和包，还包括了家居用品、家具、饰品等各种物品，这些物品也成为年轻人们购买二手商品的热点。随着移动互联技术的发展，许多二手市场已经转向了线上销售，像 Poshmark、Depop、TheRealReal 等都是很受欢迎的在线二手市场，这些平台不仅提升了购物体验，也扩大了二手市场的规模。据行业调研机构 Resale Report 数据显示，2019 年美国二手服饰市场的规模达到了 28 亿美元，并且预计到 2024 年这个数字将增长到 64 亿美元。越来越多的人开始将二手衣服改造为自己喜欢的风格，这种手工改造的衣服不仅可以达到环保、可持续的目的，还可以展现出个性化和独特的时尚风格。

第六，在美国年轻人眼里，"国际"风格的特点是多种多样的，具有俏皮和大胆的审美，注重舒适性和实用性，以及对可持续性和自我表达的支持。然而，重要的是要意识到，时尚潮流是在不断发展的，可能会因个人品位和文化影响而产生很大的不同。根据 Piper Sandler 在 2022 年春季进行的一项调查，目前在美国青少年中使用最广泛的时尚社交平台是 TikTok。事实上，TikTok 已经发展成为青少年中最重要的社交媒体平台，54% 的受访青少年表示他们每天都在使用 TikTok，比 2021 年的调查中的 50% 有所上升。Instagram 也仍然是一个受欢迎的时尚平台，30% 的青少年说他们每天使用它，低于 2021 年的 34%。其他社交媒体平台如 Snapchat 和 Twitter 也很受欢迎，但程度较低。

第七，在时装业的社会影响不断提高的前提下，有关时尚的社会道德实践也不断推陈出新。包括使用生态友好型材料和生产方法，并注重公平的劳动实践。受街头服饰启发的风格变得越来越流行，特别是在年轻消费者中。这种趋势的特点是休闲、舒适的服装和配饰，通常有大胆的图形和标志。性别中立的时尚趋势越来越明显，设计师和品牌创造了所有性别的人都可以穿的服装和配件。Virgil Abloh（维吉尔·阿布洛）是一位美国设计师、艺术家和企业家，也是 Off-White™ 和 Louis Vuitton（路易威登）男装的创始人和创意总监。Abloh 也曾多次获得时尚界的大奖，例如 2019 年的 CFDA 国际男装设计师奖。在美国年轻人审美方面，Abloh 也有着深远的影响。他的设计风格突破了传统的时尚规则，注重个性和自由，反映了年轻人对时尚和审美的追求。他的作品也深受年轻人喜爱，尤其是那些注重个性、个性化和时尚的年轻人。除了设计和创意领域，Abloh 还关注社会问题，并在艺术和时尚中探索种族、文化和身份的问题，他的设计也反映了对社会变革和包容性的呼吁。

”

多元文化影响下的东南亚设计新趋势研究

林佳　章靰玲

"

我的汇报将从马来西亚的地域特征、多元文化、宗教信仰等角度出发，分享对未来东南亚地区艺术设计领域新趋势的思考。第一，对马来西亚国家背景进行介绍。截至2022年，马来西亚有3300多万人。马来西亚人口主要由华人、马来人、印度人和原住民组成。官方宗教为伊斯兰教，除此之外，还有基督教、兴都教、佛教和道教等。马来西亚气候潮湿，常年多雨炎热。马来西亚的建筑风格继承了自然、健康和休闲的特质，大到空间打造，小到细节装饰，都体现了对自然的尊重和对手工艺制作的崇尚。东南亚风格主要以宗教色彩浓郁的深色系为主，如深棕色、黑珠色、褐色等，令人感觉沉稳大气。在互联网的使用上，马来西亚电商市场互联网用户总数高达2508万，渗透率近80%，年增长率达14%。男性进行电商购物的比例高于女性，但女性的客单价要高于男性。穆斯林用品在节日期间，销量会暴涨。

第二，马来西亚是东南亚拥有最多节日假期的国家。开斋节是全世界的穆斯林都会隆重庆祝的重大宗教节日，在斋戒月中，每天日出到日落的这段时间里，穆斯林教徒会以静坐、诵读古兰经文的方式向真主安拉虔诚地祈祷与忏悔，培养恻隐之心与乐于扶困济贫的精神，但在当天日落之后到日出前都是可以正常作息吃喝的，因此，在这段时间中最具特色的地方就是在全国几乎每处都能找到斋戒月市集，以及各种令人垂涎欲滴的传统美食。从1

月下旬到 2 月初，是印度教的大宝森节，是印度教徒对印度神穆卢干王 (Lord Murugan) 举行的奉献礼。印度人的新年，在印度历的第 7 个月，即公历的 10 月或 11 月。这一天，印度教徒们起得特别早，洗浴之后，全家老少带着鲜花祭神。印度教庙里挤满了善男信女，妇女们供上槟榔叶、槟榔、香蕉和鲜花，向神明顶礼膜拜、祈求幸福。节日里，人们纷纷点上灯火以庆祝当年降魔伏妖的胜利，屋子里用各种灯光装饰，因此又叫 " 光明节 "，象征着光明战胜黑暗、邪不胜正。

第三，马来西亚是一个拥有丰富自然资源的国家，其国土面积广阔，地形多样，包括高山、海滩、森林和沼泽等自然景观。著名的旅游胜地包括热带雨林保护区、世界最古老的石灰岩山脉、蓝天碧海的珍珠岛、神秘的沼泽地带以及独特的文化和风俗习惯。

第四，马来西亚时尚品牌众多，国际著名鞋子设计师 Jimmy Choo 以设计昂贵的鞋子闻名，也是唯一一位拥有以自己英文名命名的国际著名鞋子品牌的设计师。

图 1　国际著名鞋子设计师 Jimmy Choo

1 ｜ 2　图 2　Jimmy Choo 品牌高跟鞋

3　　图 3　Christy Ng

4　　图 4　Christy Ng 设计的相关产品

Jimmy Choo 的作品向来深受国际名人和好莱坞明星喜爱，众多女星出席颁奖典礼都会穿上他设计的鞋配衬一身华服，可知其魅力所在。其设计一向走高贵格调，同时又能够内外兼备，有型之余，穿上脚亦非常舒适。Bernard Chandran 被誉为马来西亚"时尚之王"。凭借独树一帜的风格，他的服装大受喜爱，获得了崇高的荣誉。Christy Ng 是电子商务平台 Christy Ng.com 的创始人兼首席执行官。Christy Ng.com 平台专门定制女性成衣和女鞋，平台上销售的每一双鞋子都是由 Christy 亲自设计，然后由她母亲和公司员工亲手制作。他们的目标，就是要改变女性购买鞋子的方式，在这个平台上，有 3D 女鞋设计工具，消费者可以从各个方面定制鞋子，比如鞋跟高度、鞋子颜色、材质、装饰等，用户有超过 100 万种设计选择，比世界上任何一家传统鞋店的选择都要多。

第五，在时尚与艺术风格领域，Daniel Adam 的摄影作品捕捉了马来西亚文化中明亮、大胆、辉煌的一面，通过蜡染艺术拍出马来西亚的传统风格与其对现代艺术的影响。Innai Red Raya Luxe 系列服饰很好地诠释了传统与现代衣着的结合。其中不难看出，马来西亚人偏爱粉、黄以及青色，其中青色是开斋节的标志性颜色。Wynka Borneo 品牌以马来西亚 20 世纪 60 年代女性服装为灵感设计了系列的衣服。其中一个系列是在华人春节发布的系列，地砖与家具都是马来西亚华人熟悉的老家的感觉。

第六，对于美妆用品的使用上，偏好欧美风格，热衷使用眼线、眉笔和修容等产品。整体肤色偏白的越南人受日韩文化影响较深，偏好清爽透亮的妆底、自然色系眼影和亮色唇妆，在护肤上注重防晒和选择天然成分。"泰式妆容"则注重奶油肌式底妆，加上英气十足的粗眉和欧式长睫毛。新加坡人则更愿意为有故事性、新颖有趣的产品买单。在马来西亚，受宗教文化影响，当地消费者偏向使用不含酒精和动物原料的化妆品。

5　　图 5　Innai Red Raya Luxe 系列服饰

6　　图 6　Daniel Adam 的摄影作品

图 7　Wynka Borneo 品牌服饰

知识拓展

生态环境材料

生态环境材料是人类主动考虑材料对生态环境的影响而开发的材料，是充分考虑人类、社会、自然三者相互关系的前提下提出的新概念，这一概念符合人与自然和谐发展的基本要求，是材料产业可持续发展的必由之路。生态环境材料是由日本学者山本良一教授于 20 世纪 90 年代初提出的一个新的概念，它代表了 21 世纪材料科学的一个新的发展方向。从人类对材料的生产－使用－废弃的过程来看，可以说是将大量的资源提取出来，又将大量废弃物排回到自然环境的循环过程，人类在创造社会文明的同时，也在不断地破坏人类赖以生存的环境空间。传统的材料研究、开发与生产往往过多地追求良好的使用性能，而对材料的生产、使用和废弃过程中需消耗大量的能源和资源、造成严重的环境污染、危害人类生存的严峻事实重视不够。生态环境材料是在人类认识到生态环境保护的重要战略意义，以及世界各国纷纷走可持续发展道路的背景下提出来的，是国内外材料科学与工程研究发展的必然趋势。

超材料

"超材料"指的是一些具有人工设计的结构并呈现出天然材料所不具备的超常物理性质的复合材料。"超材料"是 21 世纪以来出现的一类新材料，其具备天然材料所不具备的特殊性质，而且这些性质主要来自人工设计的特殊结构。超材料的设计思想是新颖的，这一思想的基础是通过在多种物理结构上的设计来突破某些表观自然规律的限制，从而获得超常的材料功能。超材料的设计思想昭示人们可以在不违背基本的物理学规律的前提下，人工制造出与自然界中的物质具有迥然不同的超常物理性质的"新物质"，把功能材料的设计和开发带入一个崭新的天地。典型的"超材料"有："左手材料""光子晶体""超磁性材料""金属水"等。

自然美

自然美，指自然界中原来就有的、不是人工创造的或未经人类直接加工改造过的物体的美。自然美是相对人而言的。在人类之前，自然无所谓美。有了人类之后，自然处于人类的社会关系中，与人产生了联系，在人类社会劳动实践中被利用、改造、控制之后，人类才有对自然的审美意识，才对自然进行审美活动。

批判性思维

批判性思维（Critical Thinking）就是通过一定的标准评价思维，进而改善思维，是合理的、反思性的思维，既是思维技能，也是思维倾向。最初的起源可以追溯到苏格拉底。在现代社会，批判性思维被普遍确立为教育特别是高等教育的目标之一。批判性思维指的是技能和思想态度，没有学科边界，任何涉及智力或想象的论题都可从批判性思维的视角来审查。批判性思维既是一种思维技能，也是一种人格或气质；既能体现思维水平，也凸显现代人文精神。

智能家居

智能家居是以住宅为平台，利用综合布线技术、网络通信技术、安全防范技术、自动控制技术、音视频技术将家居生活有关的设施集成，构建高效的住宅设施与家庭日程事务的管理系统，提升家居安全性、便利性、舒适性、艺术性，并实现环保节能的居住环境。

服务设计

服务设计是有效地计划和组织一项服务中所涉及的人、基础设施、通信交流以及物料等相关因素，从而提高用户体验和服务质量的设计活动。服务设计以为客户设计策划一系列易用、满意、可靠、有效的服务为目标，被广泛运用于各项服务业。服务设计既可以是有形的，也可以是无形的。服务设计将人与其他诸如沟通、环境、行为、物料等相互融合，并将以人为本的理念贯穿于始终。

中性风

中性风，是指形象打扮具有异性的特质，也保留着自身性别的特质，没有明确性别特征的风格。中性风完全颠覆了传统观念中男性稳健、硬朗、粗犷的阳刚之美，以及女性高雅、温柔、轻灵的阴柔之美，将阴柔和阳刚进行平衡的混合，创造出了独特崭新的风格。

参考文献

[1] 于勇，范胜廷，彭关伟，等．数字孪生模型在产品构型管理中应用探讨 [J]．航空制造技术，2017(07)．

[2] 张新生．基于数字孪生的车间管控系统的设计与实现 [D]．郑州：郑州大学，2018．

[3] 杰弗里．管理与组织研究必读的 40 个理论 [M]．徐世勇，李超平，等译．北京：北京大学出版社，2017．

[4] 唐纳德．设计心理学 [M]．梅琼，译．北京：中信出版社，2003．

[5] 李重根，胡传双，廖红霞，等．榫卯结构破坏特征及其抗拉强度的试验 [J]．华南农业大学学报，2007，28(4):108-111．

[6] 刑博．人体工程学 [M]．青岛：中国海洋大学出版社，2014．

[7] 车文博．当代西方心理学新词典 [M]．长春：吉林人民出版社，2001．

[8] 陆雄文．管理学大辞典 [M]．上海：上海辞书出版社，2013．

[9] 卢珂，刘丹，李国敏．城市生态可持续发展中的政府治理能力提升研究 [J]．生态经济，2016，32（10）．

[10] 李振生．乡村教育管理改革探讨 [J]．广东蚕业，2019，53(08):103-105．

[11] 张国霖．乡村教育是"在乡村"的教育 [J]．基础教育，2018，15(03)．

[12] 武宏志．论批判性思维 [J]．广州大学学报（社会科学版），2004，3(11)．

[13] 阮星，蔡闯华．一个基于 ZigBee 协议的智能照明应用实例的实现 [J]．赤峰学院学报：自然科学版，2011(8)．

03

展陈与交流

观 察

·

体 察

·

洞 察

关注实践的艺科融合设计思维

多维度实地考察启示"艺科融合"新思路和新策略

设计与产业交融的机能与方略系列学术沙龙期间，通过艺术作品展览的方式，让与会嘉宾了解清华大学美术学院的师生团队的学术研究风采、教学理念、教学特色和教学成果。展览分别以"产业创新与设计的艺科融合""乡村工匠与设计的艺科融合"和"设计教学与教研的艺科融合"为主题，展览中的作品有的以当今中国发展的现实问题和设计教育的社会要求为背景，梳理和分析设计创新赋能社会的价值源泉和内在逻辑；也包括联系未来中国产业发展的目标与战略要求，从工业设计学的角度，汇合社会文化、产业势能、人才培养，以及组织形态等因素，系统地分析与分享来自企业与学院的思考与研究成果。最为特色的是乡村工匠创新教育公益方略研究主题展览，关注偏远地区女性民间艺人及其艺术作品，采用双视角模式去思考偏远地区的非遗传承。通过展览集中体现民间艺人的生存状态，了解民间艺术在女性手艺人中的传承情况，以及民间艺术对偏远地区的价值和意义。展览呼吁大众对非遗文化和民间工艺传承的关注，同时，呼吁社会各界关注偏远地区儿童教育，并提出更多可行性方案改善乡村教育现状。

通过系列学术沙龙的形式，清华大学美术学院师生不断产出优秀的设计，在学术沙龙期间系统地呈现，不但可以促进高校与社会产企研各界的良性互动，而且还为课程创新思维规划与企业设计战略提供"艺科融合"的新思路和新策略。同时，由蒋红斌老师带领沙龙师生团队对清华大学美术学院"艺科融合"实验教学工作室进行参观，其中包括清华大学美术学院陶瓷工坊、纤维工坊、色彩研究所、漆艺工坊、摄影工坊和 3D 打印工坊等。此外，还带领团队参观了沈阳宝马工厂、中国工业博物馆、中科院金属研究所。通过到访单位为师生的生动讲解，拓展了师生团队的创作空间、创作能力和创作精神。通过实地考察和社会交流的学术形式，继续探索中国设计健康发展的路径与方法。

"造型基础设计"课程成果展示

北京·清华大学

"

　　"造型基础设计"课程在实践中训练学生"艺科融合"的设计思维，是整个设计学科的立足基点。首先，"造型基础设计"是整合形态基础、机能原理、材料基础、结构基础、工艺基础等课程知识与专业设计课程的有效途径；其次，"造型基础设计"还是一门"钥匙"课程，其对设计思维方法的训练贯穿于造型设计练习的始终，也是发现、分析、判断、解决问题能力训练习的过程，是专业设计程序与方法训练的预习，是掌握系统论素质的准备，是理解"工业化社会机制"概念的实践，是培养"知识结构整合"想象力的起点，是运用创造力对"工业化"进行可持续性"调整"的实验。

　　"艺科融合"系列学术沙龙中展出了清华大学美术学院本科学生的"造型基础设计"课程的优秀作业展板和实物原型。通过以坐具为设计对象，进行造型、结构和形态设计训练，加深学生对形态的认知。鼓励学生要从自然界和生活中收集设计灵感。自然"形态"的形成原理使我们认识到"形态"的本原，它为人为"造型"的原理提供了造型的规律。"形"和"型"都是在诸多限制条件下存在的，"造型"必须与"材料、技术、工艺"一起整合协调才能回到生活中来，这个"型"不是"唯美"主义的、纯形式的"型"，而依据的是"因地制宜""因材致用""因势利导"和"适者生存"的基本原则。通过学习研究造型的原理和要素，理解形态存在的理由、形态之间的逻辑关系、形态的语义与寓意等，掌握造型要素之间互制、互动、共生的辩证关系，运用因材致用、因地制宜、因势利导的形态构成原则，注重人造形态的生态性、可持续性，实现不同"目的"（功能）之结构应实"事"求是地重构"造型"诸要素，以整合成新系统、创造新需求、开发"新物种"。在认识"限制"中、重组造型诸要素，实现"知识结构创新"，这正是"设计"的本质、"设计思维"的意义。

在课程中运用科学与艺术的原理，培养正确的思维方法，从发现问题、分析问题、归纳问题、判断问题过程中培养联想能力，以及运用原理，结合材料、构造、工艺、视觉等要素，掌握协调诸多矛盾与限制，从而提出"造型"创意，培养实事求是解决问题的能力。

上述基础上对"自然物"和"人造物"的材性、材型、构性、构型、型性和工艺性的规律进行造型训练，并通过"实际训练课题"来运用"眼、手、脑、心"的综合能力，在教与学互动中强调设计思维程序的应用（现象与表象、概念与本质、形象与抽象、复杂与简练、方案与评价）；了解造型的依据、构造的原理、材料工艺技术的应用、造型规律的研究过程；训练学生观察、分析、归纳形态的能力，在此过程中掌握造型联想、定位和评价的办法。在了解造型基础、构造原理、材料和工艺技术应用的同时，善于分析、组织、运用已掌握的知识，循序渐进地完成不同阶段、不同目的、不同程度对形态创造的要求，培养设计全程序的整合协调能力。

"造型基础设计"课程要求将构成"造型"的要素——材料、结构、工艺、技术、细节等与形态、力学、心理、美学等原理结合起来，这与纯感觉的形态创造是有本质区别的。在这样"限制"下的学习型、研究型、实践型的基础训练，无疑是遵循"因材致用""因地制宜""因势利导""适可而止""过犹不及"等中国传统哲学思想的精髓，符合"科学发展观""可持续发展"的思想，也是"实事求是"的科学教学训练方法。

"

图1 2023 综合造型基础 2 课程成果展示（学生：狄泓臻）

图 2 2023 综合造型基础 2 课程成果展示（学生：张起）

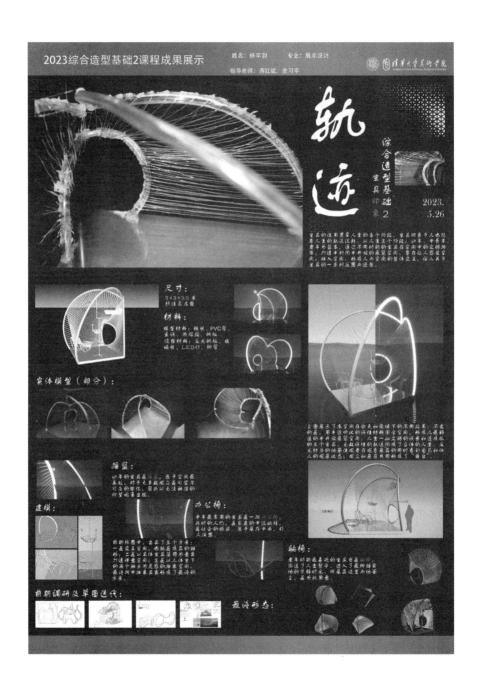

图 3　2023 综合造型基础 2 课程成果展示（学生：杨芊羽）

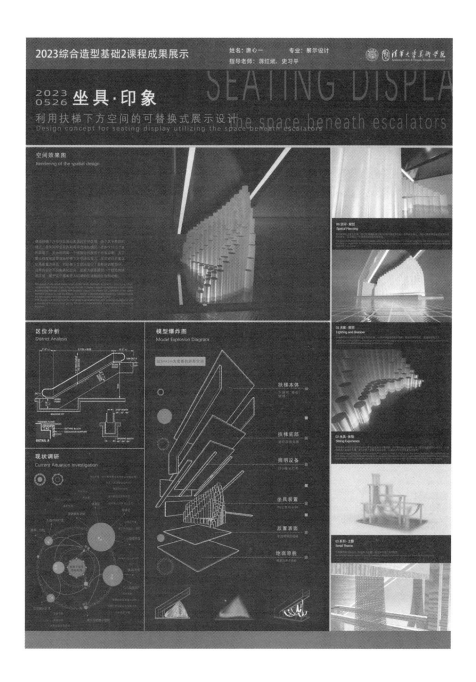

图 4 2023 综合造型基础 2 课程成果展示（学生：唐心一）

图 5　2023 综合造型基础 2 课程成果展示（学生：朱峰诣）

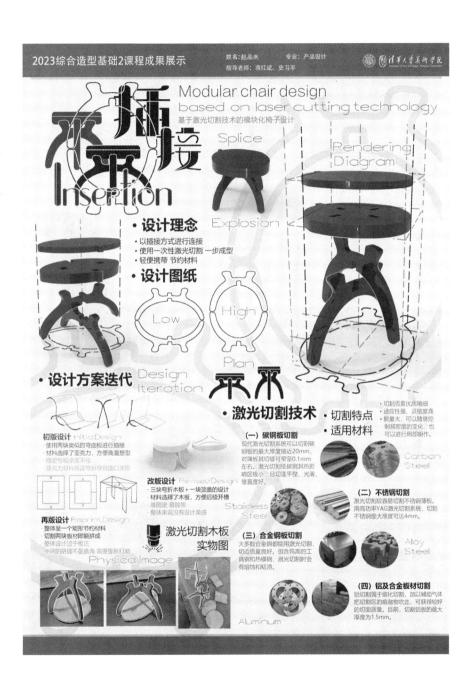

图 6 2023 综合造型基础 2 课程成果展示（学生：赵品未）

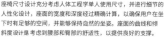

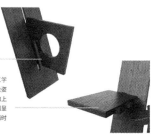

图 7　2023 综合造型基础 2 课程成果展示（学生：熊丽琦）

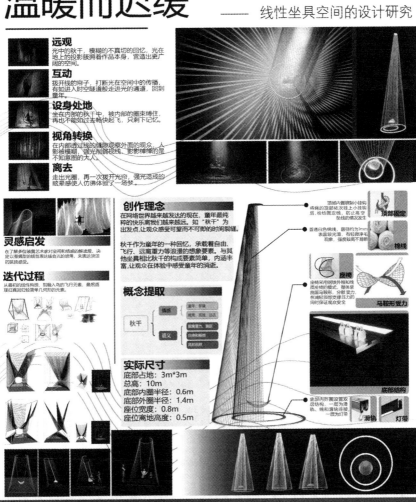

图 8　2023 综合造型基础 2 课程成果展示（学生：李博洋）

2023综合造型基础2课程成果展示　　姓名：高承焕　　专业：产品设计　　清华大学美术学院
指导老师：蒋红斌、史习平

乙形简椅

▌制作过程

选择了将相同形状的零件相互嵌套并进行装配的方式。

矛盾
如上图所示，没有出现相同的零件。

修改1

选择了横向连接的方法。但有一点需要解决，就是要让这个结构能充分支撑重量。

矛盾
产品要求的加工结构与坐姿使用时要求的结构不相符。

▌产品说明

结合材料特性、生产工艺，调整椅子设计方案。

▌产品尺寸

高度：70厘米
宽度：40厘米
长度：40厘米

根据坐姿决定了椅子的尺寸。

修改2
材料变化为铝，变化椅垫的角度。

矛盾
太直观，连接部位不符合材料的特性。

修改3
连接部位更简单，增添了审美性。

▌设定场景

我想大部分人都有过在机场疲惫地等待行李的经历。留学期间在机场最累的就是这个时候。

● 坐的定义是坐15分钟左右的时间
● 跨坐，一般的坐姿
● 限定以20-30岁的年龄群

▌材料

铝材
容易加工、强耐腐蚀，质地轻盈

加工工艺
挤压工艺
用相同形状的零件组成椅子，是一种提高生产效率、不浪费材料的方法。

铝的耐腐蚀性是其最显著的优点之一。铝不需要额外处理就能耐腐蚀。

▌表面处理

阳极氧化工艺
金属或合金的电化学氧化

有防护性、装饰性，绝缘性、提高耐腐蚀性、增强耐磨性及硬度，保护金属表面等。

由于这些优点，我认为阳极氧化最适合铝制椅的表面处理。

图9　2023综合造型基础2课程成果展示（学生：高承焕）

2023综合造型基础2课程成果展示　姓名：李俏儒　专业：展示设计　清华大学美术学院

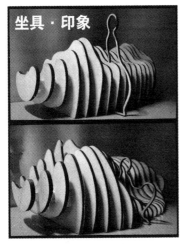

坐具·印象

设计思路

· 有人的基础下，才有"坐具的印象"

· 人坐在坐具上的"留影"；不同坐姿
对应的坐具形态

最初草图

确定设计图

· 最终选定了与四个不同的坐姿相对应的椅面高度。

分别为：0cm、30cm、45cm、60cm

模型演变过程

排列方式尝试　　　　超轻粘土草模型　　　　瓦楞纸草模型　　　　木板最终模型

最终模型照片展示

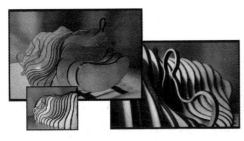

图 10　2023 综合造型基础 2 课程成果展示（学生：李俏儒）

2023综合造型基础2课程成果展示	姓名：宋菁菁　　专业：展示设计 指导老师：蒋红斌、史习平	清华大学美术学院

➕ 坐具印象:沙丘 ➕

作品含义 ➕

坐具，给人以舒适、惬意之感，有休息的港湾之意。并且人在处于坐姿时最需要安全感，因为一旦椅子不稳就会向后摔倒。舒适的这一意向与沙丘圆滑、舒畅的造型相对应，而瓦楞纸所堆积起来的形体给人以敦厚、坚固的感受，也能对应上坐具所给人的安全感。

本作业整体灵感来源于瓦楞纸板本身的材料特性，瓦楞纸板侧面透光，堆叠起来有半透明之感，而切割方向不同，透光的部分形状也不尽相同，因此能够产生好看的光影效果，给人朦胧而舒适的感受。

迭代过程 ➕

一代模型
　　黏土模型，方便切开观察横截面，为后续作业做准备。

二代模型
　　纸片模型，本想突出斜率不一的波浪形状，后因操作难度过大而改变方案。

三代模型
　　纸板模型，采用中空的形式，但由于每一片纸板太薄而不方便粘合，但也因此发现了不完全重合的纸板边缘透出的光线很好看，同时更改了平面图的线条密度来调整实体模型波浪起伏的高低（右图3）。

最终模型
　　由于椅子背后的布景和椅子都由相同颜色的瓦楞纸堆积而成，难以区分，因此采用两种方法来解决。一是瓦楞纸排列的横竖方向不同；二是将布景做成中空透光的，通过光影来区分。

➕

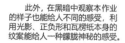

教师指导 ➕

在史老师的建议下，从一个不同角度出发，思考并改善了本作业，即本作业作为一个立体感和变化感强的模型，可以从各个不同的角度来观察，若能做到不同角度观察本作业时能显得变化多端且都很好看就能使作业更上一层楼。

以下是本作业从不同角度观察的样子。

此外，在黑暗中观察本作业的样子也能给人不同的感受，利用光影、正负形和瓦楞纸本身的纹案能给人一种朦胧神秘的感受。

➕

图 11　2023 综合造型基础 2 课程成果展示（学生：宋菁菁）

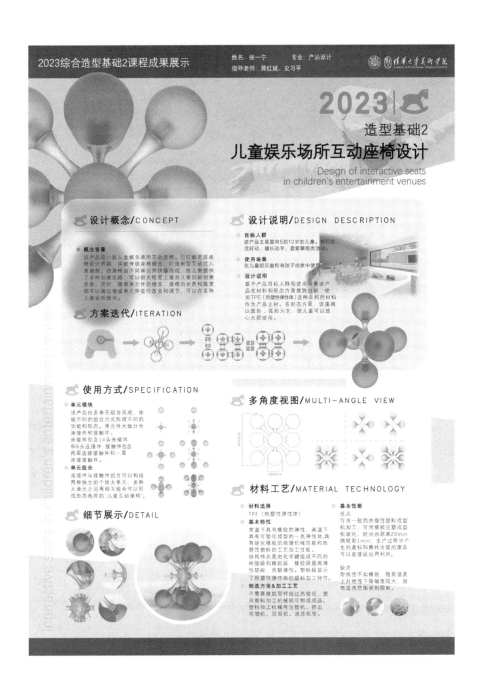

图 12　2023 综合造型基础 2 课程成果展示（学生：张一宁）

"科技与设计"竞赛成果展示

北京·清华大学

"

  "科技与设计"作为"设计思维与产品设计战略"课程的主题，以空调产品设计为载体，强化技术原理的支撑与生活原型的还原，融合艺术设计与工业工程设计，站在设计学科与工程学科不同角度的立场，输出对空调产品创新设计的理念和观点。围绕"技术先行"或"设计先行"的创新方略，在空调产品概念设计表现中以动态思维寻找艺术与科学之间的"平衡"，同时，注重系列产品设计成果的社会评价和企业评估系统建立，强化设计思维与产业的互动，发挥交叉学科设计创新的优势最大化。教学训练从设计与设计思维的概念讲解入手，引导学生在设计中将艺术与科学高度融合，但是，设计实际上既不是科学也不是艺术，在今后会以多种形式的交叉学科出现在学术领域之中，就像柳冠中教授所说："设计是人类的第三种智慧"。

  艺术与科学作为人类文明的两个向度，设计则引领人类开创未来。设计让人类有机会去关注人与造物、人与艺术、人与技术、人与社会的关系，也有助于定义生命的价值。未来，人类将以什么样的姿态去关注自己的生命和灵魂？这种对哲学、对人文高度探索的精神，融合设计思维将构成人类对未来社会、城市、人造物的重塑与反思，这便是设计思维的研究意义。

  作为设计者，要时刻关注人的生命应当放在一个什么样的社会环境之中并予以尊重。在课程的开始阶段，希望来自不同学科背景的同学能够通过课程汇聚视角，从生产、生活相结合的模式中形成一种探索精神，而这种精神正是设计文明的发展方向。蒋红斌老师认为："设计不是为了坚持某一种文化，或者为某一种文化做诠释，更不是某些权利和资本的备注，而设计应该变为人类未来自我生命驾驭的一种力量，设计不但尊重人类艺术中灵魂诞生的璀璨花朵，同时也会注重同一时代中科技的走向。"

依据"科技先行"的思维模型，团队完成了十余个概念空调设计创新方案，依托清华大学艺术与科学研究中心主办、设计战略与原型创新研究所承办的"2023年度清华大学'艺科融合'系列主题沙龙——设计与产业交融的机能与方略"系列学术活动，设计成果在沙龙现场展出。在沙龙进行过程中师生团队在现场依然围绕课程进行研讨和建议收集，系列展板中不仅展示系列产品的最终结果，观众也可以看到设计思维过程和技术原理展示。

其中，团队作品《风力制冷公交车站》《LOTRETION》《地平线空调系统》等获得佛山市顺德区工业设计协会主办的"未来好空气，舒适新生活"美的空调创意设计大赛清华大学预选赛一等奖、二等奖、三等奖。《风力制冷公交车站》还获得了第十五届设计顺德D-DAY大赛优秀奖。在进一步资金的支持下，与美的集团将进行创意孵化与知识产权转化等任务协商。通过设计实践、作品展览、参赛获奖和成果转化，发挥"艺科融合"课程启发产品创新和推进校企研对接的关键作用。

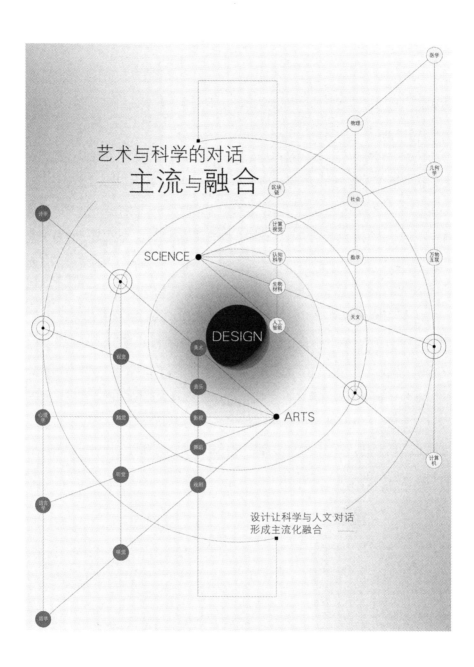

图1 "艺科融合"系列展板1

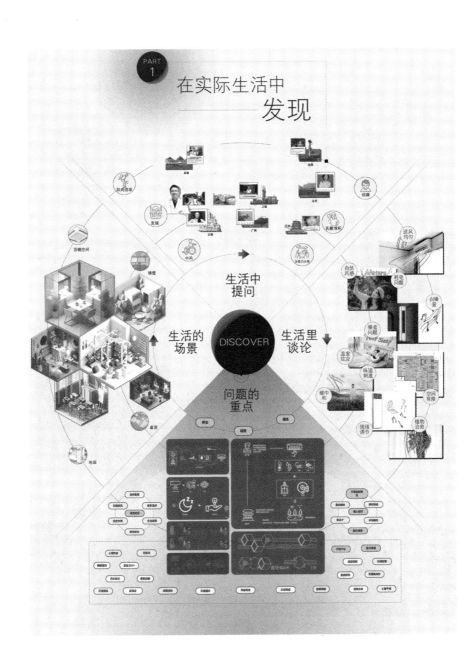

图 2 "艺科融合"系列展板 2

图 3 "科技与设计"竞赛成果展示 1

图 4 "科技与设计"竞赛成果展示 2

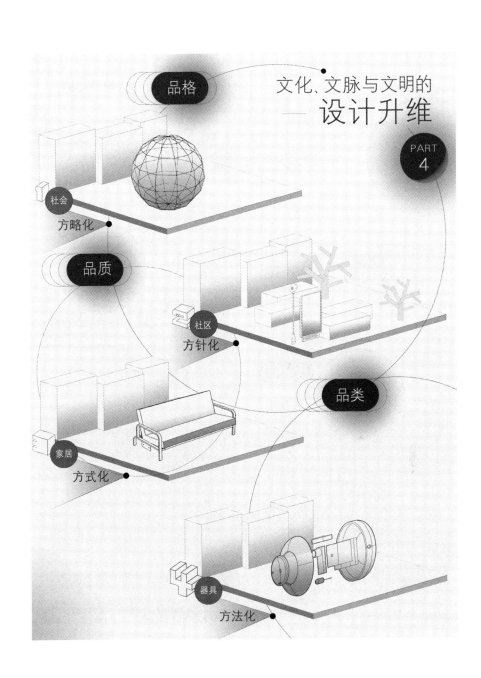

文化、文脉与文明的
设计升维

PART
4

品格

社会
方略化

品质

社区
方针化

品类

家居
方式化

器具
方法化

图 5 "艺科融合"系列展板 3

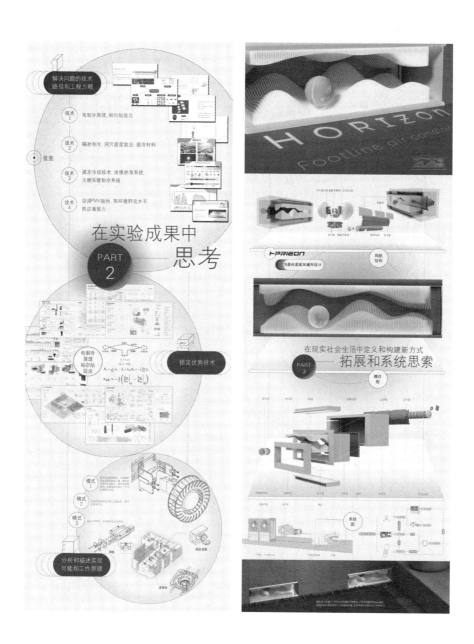

图 6 "艺科融合"系列展板 4
图 7 "艺科融合"系列展板 5

6 | 7

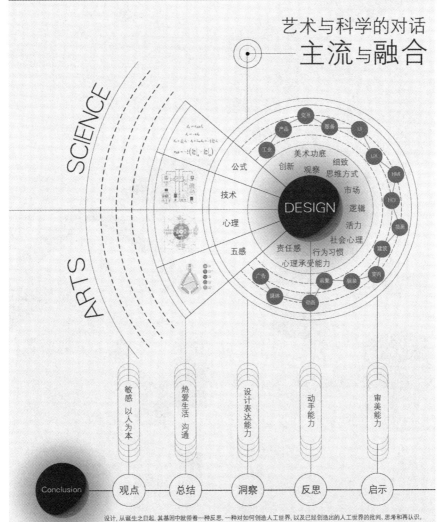

图 8 "艺科融合"系列展板 6

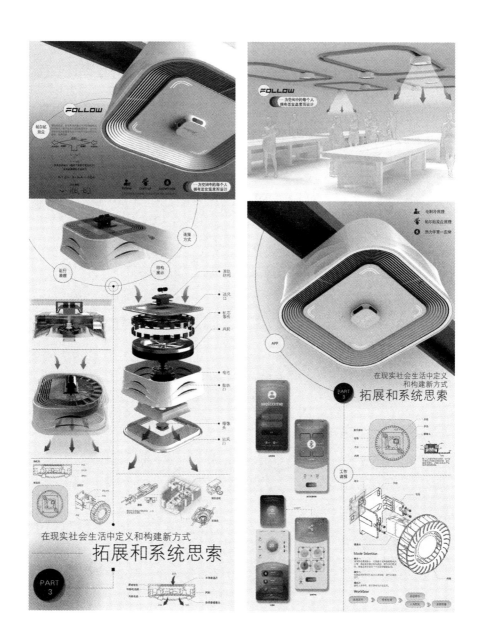

图 9 "科技与设计"竞赛成果展示 3
图 10 "科技与设计"竞赛成果展示 4

9 | 10

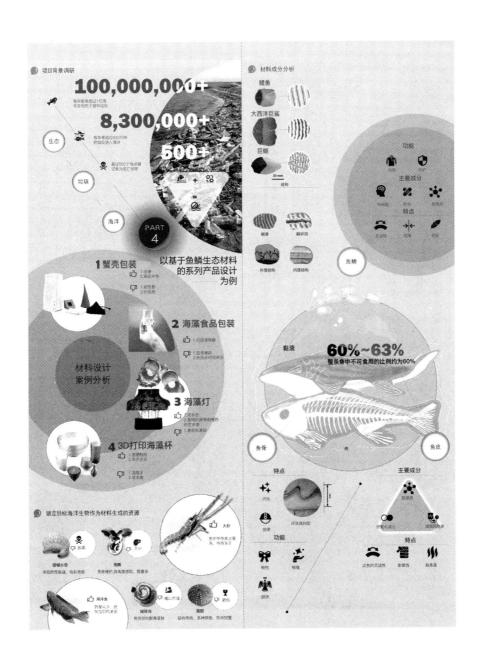

图 11 "艺科融合"系列展板 7

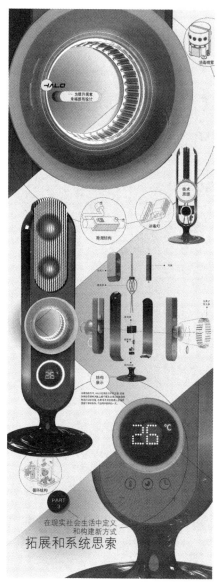

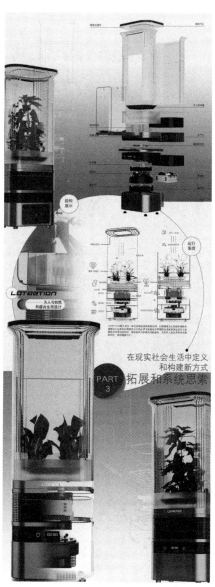

图 12 "科技与设计"竞赛成果展示 5

图 13 "科技与设计"竞赛成果展示 6

非物质文化遗产与乡村创新教育成果展示

北京·清华大学

"

2023 年 6 月 25 日，在清华大学艺术与科学研究中心举办"2023 年度清华大学'艺科融合'系列主题沙龙——设计与产业交融的机能与方略（第二期）"期间，中国乡村工匠推广机制和价值评价体系研究系列成果展示——"偏远乡村女工匠手艺传播创新教育工艺活动成果展"在清华大学美术学院 A 区大厅开幕。本次展览由清华大学艺术与科学研究中心设计战略与原型创新研究所负责策展和布展等相关工作，在展览中引导观展者将关注点聚焦于乡村工匠艺术活动如何与创新课程教学机制有机融合，通过北京宸星教育基金"石头计划"团队中青年老师与经验丰富的非遗传承人、老师的联合，助力城市儿童与乡村儿童的艺术教育与非遗人才培养。将乡村教育与社会时代背景紧密结合，通过送课下乡创新教育与工艺活动迭代，不断激活非遗文化的传承形式与传承内容（见图 1）。图 2、图 3 是北京宸星教育基金主要负责的艺术课程送课下乡活动记录和偏远山区实施教育计划项目情况记录。

"偏远乡村女工匠手艺传播创新教育工艺活动成果展"的创新之处在于策展人用女性独特的视角，以女性民间艺人为特定的观察对象，在传播乡村艺术教育的同时，关注偏远地区女性民间艺人及其艺术本身。同时，本次展览采用双视角呈现，从两代人的视角去思考偏远地区的非遗传承。通过本次展览，集中体现女民间艺人的生存状态，了解民间艺术在女性手艺人中传承的情况，以及民间艺术对偏远地区的价值和意义。呼唤在民间艺术层面对女性工作的关注，并通过展览形式体现女性艺人在审美、传承上的独特之处。呼吁更多人关注偏远地区女性手艺人的价值实现，探索更多的可能性（见图4 ~ 图19）。

围绕"乡村振兴与乡村创新教育"为主题的学术沙龙展览用图文结合的方式汇报了如何通过乡村教育和教学实践实现艺科融合的可持续发展机制，通过乡村教育的创新对艺科融合进行多维度拓展。一方面，在理解与尊重科学的前提下，探索自然规律，将科学精神和生命意义相关联；另一方面，回归于艺术对人的价值与发展进行人文探索，进而阐明艺科融合是以学校向社会赋能体系中尤为关键并备受关注的一环，艺科中心的各个研究所通过十多年的系统架构与体系搭建为中心发展奠定了坚实的理论与实践基础。

图1 送课下乡创新教育与工艺活动迭代时间线

图 2 送课下乡活动记录 1
图 3 送课下乡活动记录 2

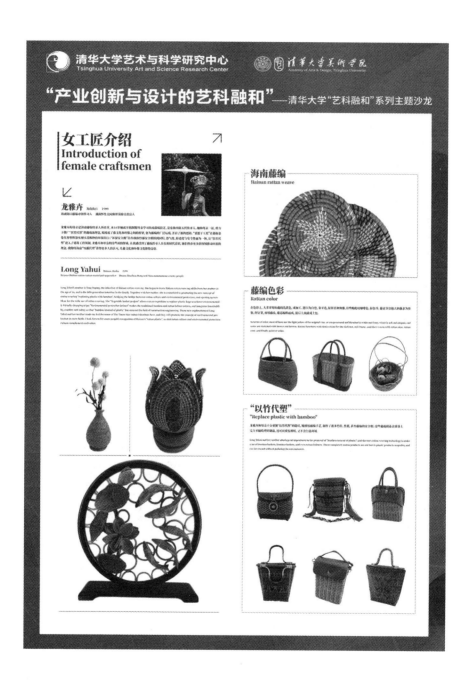

图 4 "艺科融合"系列展板 1

"产业创新与设计的艺科融和"——清华大学"艺科融和"系列主题沙龙

女工匠介绍
Introduction of female craftsmen

杨静 四川双流 1989
成都藤编非遗传承人 一带一路文化传播者

怀远藤编
Edited by Waiendo

与旅游业联动
Linkage with tourism

创新与传承
Innovation and inheritance

图 5 "艺科融合"系列展板 2

图 6 "艺科融合"系列展板 3

图 7 "艺科融合"系列展板 4

图 8 "艺科融合"系列展板 5

图9 "艺科融合"系列展板6

图 10 "艺科融合"系列展板 7

图 11 "艺科融合" 系列展板 8

图 12 "艺科融合"系列展板 9

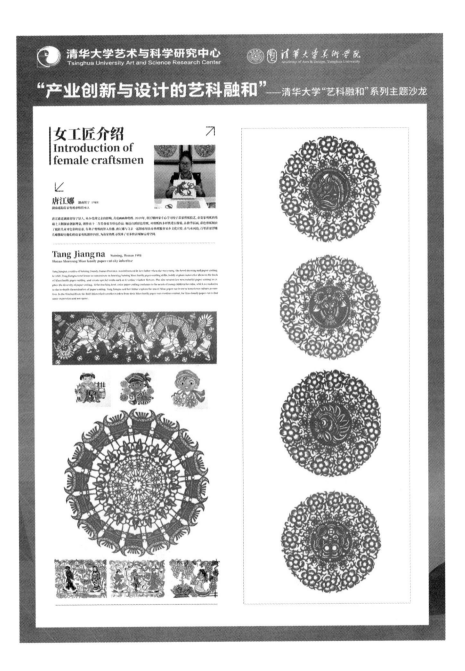

图 13 "艺科融合"系列展板 10

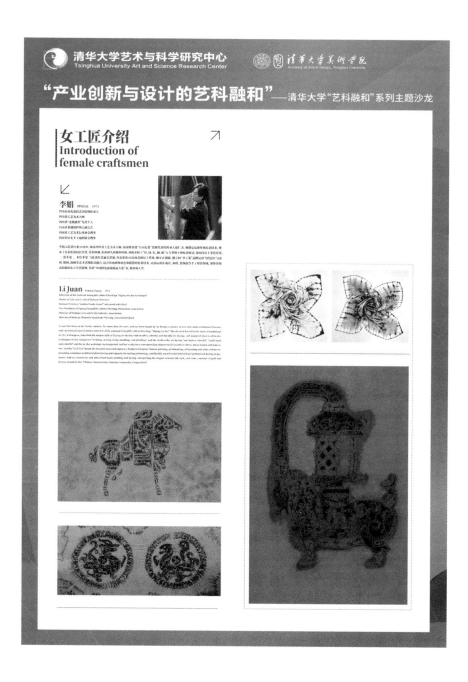

图 14 "艺科融合"系列展板 11

图 15 "艺科融合" 系列展板 12

图 16 "艺科融合" 系列展板 13

图 17 "艺科融合"系列展板 14

图 18 "艺科融合"系列展板 15

图 19 "艺科融合"系列展板 16

清美实验教学工作室探访

北京·清华大学

"

　　清华大学艺术与设计实验教学中心由美术学院建设和管理，设有29个不同专业、各具特色的实验室，2015年通过教育部国家级实验教学示范中心验收。实验室包括摄影实验室、人机工学实验室、综合模型实验室、交通工具实验室、服装工艺实验室、皮草工艺实验室、传统染织工艺实验室、织绣工艺实验室、印染工艺实验室、视觉传达设计实验室、纸纤维工艺实验室、材料与构造实验室、木工艺实验室、照明与色彩实验室、陶瓷艺术与设计实验室、信息艺术设计实验室、纤维艺术实验室、玻璃工艺实验室、漆工艺实验室、首饰工艺实验室、金属工艺实验室、版画工艺实验室、壁画工作室、油画工作室、国画工作室、泥塑工艺实验室、木雕工艺实验室、金属焊接实验室、3D打印与喷绘公共服务实验室等。

　　实验教学中心拥有一支教学、实验技术及实验室管理相结合的专职队伍，承担着美术学院11个系（室）所开设的各类本科生、研究生专业必修课和选修课以及面向全校开设的艺术素质课程的实验教学任务。在服务于美术学院在校本科生、研究生的同时，还承担学院科研项目和教师教学、科研创作实践工作，接受社会课题研究项目，并为本科生科研训练计划项目（SRT）服务。人均使用实验室面积等综合资源条件处于国内高校同领域领先地位。

1　图 1　清华大学艺术与设计实验教学中心摄影实验室

2　图 2　清华大学艺术与设计实验教学中心综合模型实验室

图 3 清华大学艺术与设计实验教学中心照明与色彩实验室

图 4 清华大学艺术与设计实验教学中心纤维艺术实验室

图 5 清华大学艺术与设计实验教学中心漆工艺实验室

　　蒋红斌老师带领沙龙的来宾团队对清华大学美术学院"艺科融合"实验教学系列工作坊进行了参观。实验教学中心已建设成为国内艺术与设计领域涵盖专业面最广，理念与模式先进，综合性、交叉性、创新性最强的实验教学平台。工作室的负责教师为来宾生动展示了清美师生的创作空间、创作能力和创作精神。陶瓷艺术设计实验室是以陶艺造型研究、陶艺装饰研究、陶艺塑造形态研究、陶艺传统工艺研究及陶艺材料与釉药研究为主的实验室，为陶瓷设计、传统陶艺、现代陶艺三个陶艺专业方向提供教学与实践空间。实验室拥有齐全的陶艺成型设备、装饰材料、原料与烧成窑炉。在实践环节中，从陶瓷成型到制作陶艺工具及设备使用，直至烧成环节，均可在实验室整体完成。陶瓷实验室是陶瓷艺术系教学实践的重要场所和学生自我完善与成长的平台。

　　金属焊接实验室是进行金属课程教学和现代金属雕塑创作的教学及实践场所。实验室可进行金属切割、焊接、锻造、打磨等工业加工，是直接运用金属材料开展创作实践、探究金属材料特性的艺术实践空间。实验室现有课程：雕塑创作实践、材料实践和实验室探究课程。实验室设备目前包括焊接设备、电动切割、数控等离子切割设备、打磨设备和手动辅助工具等。

图 6　清华大学艺术与设计实验教学中心 3D 打印与喷绘公共服务实验室

7	图 7 清华大学艺术与设计实验教学中心金属工艺实验室
8	图 8 蒋老师带领沙龙团队参观实验教学系列工作坊

宝马工厂参观

沈阳·宝马里达工厂

"

辽宁省沈阳市李达村投产建设的宝马工厂以"里达(英文Lydia)"命名，这家宝马位于沈阳的第三座工厂，寓意"里程必达"。宝马里达工厂总投资近150亿元，是迄今宝马在华最大的单项投资项目。随着里达工厂项目的落成，中国沈阳成为宝马集团全球最大的生产基地。作为世界上首批率先实现数字化生产的企业之一，在里达工厂，很多先进的工业和数字化理念也是德国工厂的平移，或者说有过之无不及。因为德国工厂比较老旧，很多机械臂不能自由摆放，厂区规划没有那么自由，导致很多工厂项目也基本都是旧改升级。而在沈阳里达工厂，包含了更多数字化、绿色可持续和精益化的理念。这座中国唯一的 AAAA 级汽车工业厂区作为铁西工厂的升级改造项目，是宝马工厂产品体系，乃至德国汽车制造最高工业水平的最新落地实践。

宝马工厂是一座很有特色的建筑，外观平直方正，内里却玄机暗藏。位于工厂中心位置的主办公楼以"流动与静态结合"为设计原则，白色立柱和流线型墙体错落有致地穿插于四个独立的办公岛；一条临空穿越办公区域的传送带，将一辆辆色彩绚丽的车身从涂装车间送往总装车间，成了主办公楼里一道独特的风景线。由于采用开放式的设计，在主办公楼里工作的员工与车间一线生产的员工一样，每天都见证着自己创作出来的一件件"艺术作品"。同时，主办公楼一层还配备了极具特色的文化展示区、健身中心、医疗中心和咖啡厅等，为员工打造了宽敞、舒适、人性化的工作环境。铁西工厂将生产线与办公区的设计完美融合，不仅提高了汽车生产的效率，更体现出华晨宝马所倡导的"人文关怀"与"创新设计"理念。两者共同营造的艺术氛围，不断激发着每一位员工的创造力。

3   图 3　宝马铁西工厂大门

4   图 4　宝马工厂临空穿越办公区域的车辆传送带

宝马工厂的车间里，上千台机器人长长的机械臂阵列相互交错旋转，有序地在车身上焊出五千多个大大小小的孔洞，焊接工序完成后，自动流转进入下一道工序。从零部件到整车，从冲压车间、车身车间、涂装车间到总装车间，整条流水线一气呵成。在一些协作工序中，机器按照工人的身高，把需要加工的部件翻转升降，按照人因工程，调整到人体工作的最佳位置。在舒适的工作环境中，年轻的员工像雕琢艺术品那样，快乐、轻松而又专注地完成手中的工序。

2023 年由蒋红斌老师带领的沙龙师生团队来到沈阳宝马工厂参观，通过工作人员的细致讲解和身临其境的生产、制造流程观看体验，同学们对汽车生产制造工艺（主要分为四个部分：冲压、车身、涂装以及总装）有了生动的理解，这也是宝马工厂拥有的完整四大工艺系统。同时，宝马已经建立起了完整的参数数据库，可以依据数据库不断更新标准体系。工厂的"数字孪生"已经发挥了重大作用。当所有的机械臂联网，很多参数的调通发生在云上时，所带来的数据价值就构成了新工厂产线扩建的底座。智能化与数字孪生造就了宝马 iFACTORY 的生产理念，也完全体现出了 iFACTORY 的三个核心目标：精益、数字化和绿色。

图 5 蒋老师带领沙龙团队参观宝马工厂

图6 宝马工厂的车身车间

中国工业博物馆参观

沈阳·铁西工业园区

"

中国工业博物馆，坐落于国家六大区域中心城市，东北第一大城市沈阳。沈阳有着"共和国长子"和"东方鲁尔"的美誉，是中国乃至东北亚地区规模最大的工业中心城市。中国工业博物馆（一期）位于沈阳市铁西区卫工北街与北一西路交汇处，于2012年5月18日开馆。现建有机床馆、铸造馆、通史馆、铁西新区十年馆。博物馆总占地面积8万平方米，建筑面积6万平方米。

国家实施振兴东北老工业基地战略以来，铁西区取得了令国人瞩目的成就，2007年国家授予"铁西老工业基地改造暨装备制造业发展示范区"称号，2008年被列为18个"中国改革开放30年典型地区"之一，2009年被命名为"国家可持续发展实验区"并将《沈阳铁西装备制造业聚集区产业发展规划》上升为国家战略，2010年被命名为"国家新型工业化产业示范基地"。

据此党和国家多位领导人亲临铁西视察指导工作时指出，铁西区在引领我国老工业基地全面振兴的基础上，更要注重在传承工业文明、弘扬工业文化方面做出贡献。铁西区工业历史悠久，从1905年首家使用现代化机器企业诞生开始，经历了日本殖民工业、国民党时期工业和新中国工业等几个不同的历史时期。铁西曾生产新中国第一枚国徽、第一台水压机等几百个中国工业史上"第一"的新产品，被称为"共和国长子"。铁西区因工业而诞生，为工业生长，也将在新型工业化道路上走向更加辉煌的未来。工业是铁西历史的主脉，工业文化是铁西的灵魂。铁西工业文化源远流长、沧桑厚重，对于几十万产业工人和铁西人来说，无私奉献、积极进取的"劳模精神"是一笔弥足珍贵的精神财富，也是当代铁西人文情结中最重要的组成部分，更是铁西建设经济强区，构建和谐新区，走向未来的不竭动力和地缘优势。

1　图 1　中国工业博物馆外景
2　图 2　中国工业博物馆中展示的新中国第一枚国徽

　　中国工业博物馆举办各种活动，包括教育交流、成果展示、文化鉴赏，通过大型工业厂房遗址、记录时代精神的机器设备和标志性事件的工业历史，呈现给游客工业历史进程中的文明与进步，彰显工业文化的传承与弘扬；通过解读丰富的历史价值、社会价值、科技价值、审美价值及人文情怀，让游客感受工业与科技结合带来的神奇变化，工人阶级铸就的自力更生、无私奉献、敢于创造的不朽精神，以及生活在这片热土上的人们正用顽强的精神生息劳作。为更好地完成文物定级工作，"让文物说话，把历史智慧告诉人们"，中国工业博物馆从文物的来源、历史背景、文物价值、历史意义等多方面进行了深入研究，先后累计查阅文字资料和档案三百余件，邀请工业专家和铸造厂老领导、老工人等相关人士参加 4 次座谈会并形成音频档案，网上查询并下载相关资料四百余份，并根据收集到的材料编制完成了 376 件文物定级申报材料。中国工业博物馆内保留了全套的铸造设备，其中，"退休"的冲天炉、10 吨天吊运输轨道和铸造厂房重新"营业"，向游客展现磅礴的工业之美。许多游客慕名前来，漫步于"钢铁巨兽"之间，在具有年代感的厂房里，品味大国重器背后的时代气息。

图 3　中国工业博物馆的内景 1

图 4　中国工业博物馆的内景 2

中科院金属研究所走访

沈阳 · 中国科学院

"

  中国科学院金属研究所（以下简称"金属研究所"）成立于1953年，是新中国成立后中国科学院新创建的首批研究所之一，创建者是我国著名的物理冶金学家李薰先生。建所初期，金属研究所致力于我国钢铁冶金工业的恢复和振兴；随后，成功实现了向新材料领域的跨越发展，为国家若干重大工程提供了关键材料，成绩斐然。改革开放以来，金属研究所拓辟新宇，协同进取，集全所整体优势，攻国家急需技术，完成了大量高难度的科研任务。1999年5月，根据中国科学院实施"知识创新工程"的战略部署，在"东北高性能材料研究发展基地"建设中，中国科学院金属研究所与中国科学院金属腐蚀与防护研究所整合建立了新的"中国科学院金属研究所"。

  金属研究所在高温合金、钛合金、特种合金、钢铁、铝合金、镁合金、金属基复合材料、陶瓷等先进结构材料领域和纳米材料、碳材料、磁性材料、生物材料、能源材料等新型功能材料领域，开展了材料的成分设计、结构表征、制备加工、性能测试和使役行为研究。金属研究所加快综合性科技创新平台建设。在基础研究领域，2017年，国家科技部依托金属研究所建立沈阳材料科学国家研究中心，这是我国首批组建的6个国家研究中心之一。在高技术研究领域，2019年，金属研究所贯彻中国科学院党组的决策部署，在国防科工局的大力支持下，联合所内外优势创新力量，成立师昌绪先进材料创新中心，致力于提升我国重点工程先进材料自主创新能力和自主可控制备能力。2020年成立材料腐蚀与防护中心，重新整合力量开展材料腐蚀基础研究及重大工程腐蚀防护技术研究。此外，金属研究所还拥有 2 个国家级工程技术中心、2 个中国科学院重点实验室、1 个中国科学院工程实验室。这些平台共同构筑形成了开放融合、多元协同的材料学科全链条、全要素、贯通式科技创新体系。

金属研究所抓基础、抓尖端、抓重大，创新活力澎湃迸发。基础研究方面，在纳米金属材料、碳纳米材料、材料微观结构表征、疲劳断裂行为等领域涌现出一系列国际上同领域有影响的创新性成果。"金属纳米结构材料"在国际上持续引领该学科方向发展，被习近平总书记在 2018 年两院院士大会上列为重大科研成果产出。卢柯、成会明等多名科学家连续入选全球年度"高被引科学家"名单，在世界材料领域占据一席之地。在应用研究方面，为载人航天、大飞机、航空发动机、高速铁路、三峡工程、核电工程、跨海大桥、海洋工程等提供关键材料和技术支持。金属研究所始终坚持用创新成果服务国民经济发展，合作企业达 600 余家，领域涉及装备制造、钢铁有色、航空航天、能源电力、石油化工、医疗卫生、轨道交通等行业，并且有一批创新成果转化为生产力。

2023 年，蒋红斌老师带领的沙龙师生团队来到沈阳中科院金属研究所参观学习，在金属研究所负责老师的带领下参观了该所的成果展示中心，通过对材料属性、工艺的了解，师生们现场讨论如何在设计中发现先进材料与创新设计实践结合的价值，进而实现更多"艺科融合"的可行性方案。在实地中学习有利于鼓励师生实现前瞻性、战略性、引领性的原始设计创新成果。金属研究所持续提升关系国民经济和国家安全的关键共性技术、前沿引领技术、现代工程技术和变革性技术的供给能力，为推动我国建设成为世界科技强国贡献力量。

"

1   图 1 中国科学院金属研究所

2   图 2 蒋老师带领沙龙团队参观金属研究所 1

图 3　蒋老师带领沙龙团队参观金属研究所 2

图 4　蒋老师带领沙龙团队参观金属研究所 3

教师与学生的总结

北京 · 清华大学

"

　　清华大学艺术与科学融合专题设计与产业交融的机能与方略系列学术沙龙构建了一个科技、艺术和设计融合发展的架构，可以将工科、文科的知识体系囊括其中，以此来赋能未来，并通过学术分享、学术展览和学术考察等形式向社会输出。通过系列沙龙的活动，首先，沙龙参与人员可以对设计的作用、相关原理以及可拓展空间有一个比较完整、系统的理解，由此激发对设计的兴趣。通过对两期学术沙龙的回顾，参与者可以进一步了解当代的企业和设计之间的关联，具体方式是去接触、剖析企业的内在机制。所呈现的结果是达成跨学科资源对接，在沙龙中展现出具有引领未来趋势价值的设计成果。

一、以教师的角度谈参与沙龙收获

　　系列学术沙龙从不同角度探讨学界、产业界、艺术界对设计的成果输出与观念思索，一方面会使中国高校产品设计思维、设计创新、设计战略、设计实践等课程的内部运行机制逐渐清晰，促进良性、正向、资源整合的交叉学科授课新模式。另一方面围绕高校、企业、人才培养、社会创新进行多维度的思考，可以作为一种多平台共享、交流的媒介，启发交叉学科师生对未来设计教育与课程的教研与教学进行深层次的思辨。

　　学术沙龙的组织和举办有助于教师从以下几个方面获得能力的综合提升。

　　第一是人文方面，它关乎教师的学问和道德，设计是关照人类生命品质的学问，教师要鼓励学生从人文情怀的角度去思考、建构、设计和规划；第二是观察方面，沙龙中多次的实地考察从产业角度进行了细致入微的观察，这是获得洞察企业发展的重要途径；第三个是呈现方面，包含设计实践与学术研究多途径的原型呈现和不断更新，提高教师对设计方法和观念的吸纳能力；第四是沟通方面，教师在沙龙过程中与不同领域专家、学者学习交流，体现着设计的感召力和感染力；第五是格局方面，融入产品设计战略等知识体系是为了师生能够站在企业、市场、社会的高度上去理解设计思维和未来职业发展机遇。

　　值得关注的是，学术沙龙组织团队应该在学术方向、学者汇报中沉淀出思维脉络，找共同点和规律性，拿出可延续、可拓展的组织模块，融合到不同院校、不同专业中，因材施教展开相关的学术活动。在此过程中，沙龙的组织团队可以达成共鸣的是，不论设计的定义如何演变，设计始终是解决人与自然的关系、人与工具的适应问题，设计学科的诞生本就是基于此前提。最后，希望通过系列沙龙所展示的内容和阶段性成果，启发设计教育和人才培养从多个维度去思考和践行产学研联合教学创新之路。

二、以学生的角度谈参与沙龙收获

　　在蒋老师带领学术沙龙师生进行实地参观考察之前，给师生留了几项任务：第一，参观后同学要向老师提出一个问题；第二，通过考察学习，举一个设计的优秀案例，案例能够体现设计师有异于工程师、科学家的巧妙构思；第三，想一个解决生活中问题的"点子"；第四，谈一谈对学术沙龙的整体印象。通过汇总参观结束后师生的反馈，系列学术沙龙活动对于学生而言，其收获可以归纳为以下几点：

　　第一，在考察过程中老师不断提醒和引领学生要"抬头看路"，这与以执行设计任务为主线的设计课题有较大区别，这种模式可以促使学生全面理解设计思维、工业设计、设计企业之间的关联，积极引导学生由浅入深地了解、实施、洞察、反思产品设计的进程。

第二，系列地点的实地考察促使科学成果应用于生活当中，以"技术先行"的思维为设计创新打开新的缺口，其中反映设计的人文指向与科技创新的价值。

第三，通过设计相关活动的参与和学习，学生获得正念与自信，要坚持设计以人为本，要热爱生活，保持对生活的好奇心，要不断培养成长型思维，要善于与人建立良性沟通模式，究其根源，设计思维的内在逻辑是利他思维，设计思维的最高境界是"慎独"。

第四，系列学术沙龙强化对设计思维的重要性，设计人才培养的核心，即设计思维方法的训练应该贯穿设计练习的始终。

第五，关注社会的势能与动能将引领和洞察未来趋势，要善于观察和足够敏锐，要善于在表层事物之间建立逻辑关联。

第六，对企业、科研机构、实验中心的考察让学生意识到学习是成长的"摩擦力"，而这种认知摩擦被证实是构筑知识储备的基础，设计要求设计者具备全面的表达能力、审美能力、动手能力，同时还要始终保持洞察社会心理的初衷和以人为本推动社会发展的初心。

最后，参与系列学术沙龙的同学们将心得体会汇聚在一起，反映出对所学、所闻、所思、所见的理解和感悟。

很开心可以在老师的带领下和清华的同学们一起参观大信集团，深入了解了企业文化和设计理念。这家公司让我印象最深的是他们追本溯源的企业精神，将中国历史和文化融入设计中。他们将中国的传统色以及其来源一点一点地铺展在我们的眼前，家具区的展示也充分地把这些色彩进行了应用。这些色彩不仅仅是为了美观，而是从中国传统文化中汲取灵感，并传达出公司对于繁荣、幸福和和谐的追求。这让我深刻体会到，色彩背后蕴含着丰富的文化意义，它们可以成为连接过去和现在的桥梁，让我们从骨子里产生对这些颜色的认同感。

在听讲解时可以感受到大信集团员工们认同公司对传统文化的研究和运用，并将其作为工作的动力和灵感源泉。他们分享了自己参与设计过程的经历，以及如何通过与传统文化的对话来创造出独特的产品。这表明公司的价值观不仅仅停留在表面。

最后大信希望人人可以成为设计师的理念也深入人心，其实这和现在人工智能的发展理念一样，给我带来了相似的感受，即让没有设计基础的人也可以设计出属于自己的设计。设计不只是属于设计师，他属于人类，属于每个热爱生活的人。

——刘子赫

这次去清华大学和大信家居集团开拓了我的眼界，丰富了我的专业知识，把理论和实际进行了结合，这是一次非常有趣和有意义的学习之旅。如果再有类似的学习机会我也会更积极地参加。这次学习之旅让我有了对未来发展和学习更明确的目标，增强了我一直努力下去的动力。总的来说这次去清华大学和大信集团让我收获很大。

——王美裳

此次与清华大学美术学院交流的过程让我受益匪浅。作为一名鲁迅美术学院工业设计专业的学生，这次的交流让我感受到了偏向工科的设计和偏向艺术的设计的不同之处。我们参观了清华大学各个设计学科的教学教室，阅览了设计课件和作业，让我对工业设计这门学科有了更加完善的了解。同时我们也进行了一个比赛项目的合作，两种设计体系在不断碰撞的过程中产生了与众不同的结果，这让我在之后的学习中会更加注重对技术和艺科融合方面的学习，也非常期待下次的合作交流。

——田景宇

有幸在老师的带领下与清华的同学们一起参观大信集团，学习他们的企业精神以及设计理念。这家公司在庞总的带领下将中国历史文化与设计的产品融合在一起，将中国传统文化精神一点点清晰地展现在我们的面前，让我们参观并且了解过去的历史，将中国古老的传统颜色通过实物展现在我们的面前，并运用到现代家具装修的色彩风格中。通过此次考察学习，让我对色彩有了更多的理解，我们应该将其运用到自己的设计中，让他们与人们产生联系，从过去走向现在，从现在走向未来。

——陈启元

这次有幸参观宝马工厂和中科院，给我带来许多从未有过的感受，从环境、设施、科技到产品的设计和材料。在参观宝马工厂时颠覆了我对固有汽车制造工厂的刻板印象，所有生产线均为机械化。机械手臂的流水线工作 24 小时不停歇，每个环节有条不紊。我们参观了整条生产线，了解了许多外面看不到的内部结构，从框架到零件，每个部件如何安装，人工与机械怎样配合，6 小时居然可以组装一辆车！整个工厂的装修风格非常贴合品牌，人性化的设计、简洁工业化又带着未来的科技感，他的许多衍生产品设计也非常简洁高级，让我想起了少即是多。

——张琳曼琦

一次偶然机会有幸参加了清华大学和大信集团的两日考察活动，其中给我印象最深的就是清华大学的染织服装艺术设计系的工作室。一进门，一块"靛蓝"与"胭脂"的两色布料挂在墙上，也许是学生作品，但那是一块属于中国的颜色，这让我不禁联想到大信集团特有的色彩博物馆，在那我理解到颜色并不是简单地被摆放在一起，它们有被搭配的原因和特定的使用环境。曾经我在做设计时总是被颜色搭配所困扰，但那一刻我理解到了颜色是有其意义的，并不是简单的搭配，日后我也会寻找颜色规律，并将其加以运用，努力做出更优秀的设计。这次活动我收获良多，由衷感谢各位老师、同学。

——毛欣怡

一进入清华的校园，就能看到一片片的自行车，学生们骑着自行车穿梭在校园中。校园优美而宏伟，建筑设计充满现代感和历史底蕴。校园内不仅有古典风格的建筑，还有现代化的教学楼和实验室。教室宽阔敞亮又带着艺术生活气息，仿佛能看到坐在这里投入艺术的学生的身影。

清华大学建筑的多样性和设计理念激发了我对于设计的新思考。设计不仅仅是外表的美感，更重要的是内涵和功能性。清华校园中的建筑不仅仅是简单的建筑物，更是艺术与功能的结合。

此次参观让我意识到，设计需要不断地吸收新的灵感和转变思维方式。清华大学建筑激励我在未来的设计中融合更多元的元素，创造出更具前瞻性和独特性的作品。

——金芊灵

色彩作为现代设计语言的重要元素之一，在其中担当着无可替代的角色。在参观大信华彩艺术博物馆后，我从中了解到中国传统色彩文化的深刻内涵。中国传统色彩源于自然，缘起于自然界的万物，是中华传统文化所特有的具有独特文化内涵的色谱系统，是社会、自然以及审美沉淀的结果。尤其在庞老师对我们逐一讲解中国传统色彩观所反映的历史文化以及中国传统色彩文化在家居设计中的应用时，我对色彩在现代设计中的运用有了更深层次的认识，色彩的重要之处在于它可以与所有人产生直接的联系，通过色彩运用，让使用者获得更实际的美好体验。

——范晓阳

参观世界一流学府——清华大学美术学院，对我而言是一次令人难忘的经历，是一次充满收获和思考的旅程。第一站在清华大学美术馆中，我欣赏到了各种形式的艺术作品，每一件都让人沉醉其中，让我对艺术的认知水平和对作品的理解与感悟有了更深的体会。

之后在清华大学美术学院的课堂中，我们有幸听到了许多跨专业老师的讲解，感受到清华学子追求卓越的精神，以及清华大学浓厚的学术氛围和认真务实的态度。这次经历对我自身的成长带来了很多启发。

——李琳

今年初有幸前往清华大学进行参观交流，生平第一次站在清华校园里，我由衷地向往。

在清华园粗略地走了一圈，看到校内安装有校园报警装置；走进清华美术馆，居然比很多市博物馆的内容都要多。跟随清华美院老师们参观各教室，学科的交叉互融、详细划分让人不由感慨其领先。

跟清华的同学进行交流，我碰撞出了许多前所未有的好想法。由于我从高中就没有碰过数理化，做出来的设计总是泛泛而谈、无法落地。他们的数理化知识，不仅填补了我的短处，甚至让我的设计提升至另一个高度。新技术、新材料的创新设计是我现在还在努力学习的。

——马欣瑶

通过参观大信博物馆，让我看到了很多文物，在这之中他们努力收集文物去发现里面古代元素的精神，让我十分感动。在提取矿物的本身颜色这个环节，让我认识到设计应该是刨根问底的，应该从根本上去发现它的特点，努力钻研。通过他们对中国人喜爱的颜色的定义，让我了解到以后的相关设计，可以从颜色的角度来了解人们的习惯，达到视觉上拉近人与人之间距离的效果。同时近距离感受模块化设计也让我充分感受到商业与设计的紧密结合。

——李羿璇

在清华大学与其他集团工厂的参观一行中，关于设计的一些崭新观念在我心中慢慢呈现，让我意识到设计并非单薄且虚无的，它可以和集团或工厂的目标以及执行方向做出紧密联结，与现有科技进行关联，与科学多层次融合，从而迸发出更具人文主义色彩又不失科技含量的产品。

在这一段特殊生动的学习区间里，老师们讲述的设计程序以及方法也在潜移默化地影响着我对于这个专业学科的理解。它并非是一些刻板或是形而上的标准，反而是可以影响整个设计过程、结果乃至整个产业结构的重中之重。在我看来，设计观念的转变以及理解的深化是清华大学和各个产业公司给予我最宝贵的财富。

——田浚希

"万物有所生，而独知守其根。"不忘本才能开创未来，文化传承需承百代之流，会当日之变。这是参观大信博物馆给我带来的深刻感悟。当庞老师向我们讲述中国色彩发展脉络，看到他们为传统色制定标准的色卡，那一刻，我心中的民族自信油然而生。我们有足够丰厚的文化底蕴，我们有底气乘时代之风云，为我们的时代做出更有温度的设计。

在与清华大学的同学们共同上课时，我深刻感受到跨学科融合交流的重要性。在同一问题上大家有着不同的见解，这让我的思路也被多维度打开，更加发散。合作的过程中我也明白了大道不孤，众行致远。

——封力文

有幸参与了清华大学和大信集团的学习考察之旅，此次参观经历对我未来在产品设计领域的学习和实践，无疑有着不可估量的积极影响。

首先，清华大学以其雄厚的教育背景与深厚的文化积淀，给予了我对设计创新精神的全新理解。在参观过程中，我深受启发，在课程设计、学术讲座、学生作品交流中感受到了浓厚的创新与实验精神。清华大学不仅注重理论与实践的结合，更将传统文化与现代科技相融合，这种设计理念让我认识到设计不仅是造型上的创新，更是文化与技术深度交融的产物。有助于我打破既定的规则框架并实践跨学科融合。

同时，大信集团作为中国家具设计行业的佼佼者，其在产品开发、市场营销、品牌建设等多个方面的深入实践，为我打开了行业认知的新视角。在参观其展厅与生产线时，大信精细化的管理流程、前瞻性的设计策略以及环保理念的坚守特别令我印象深刻。大信集团的成功案例分析给我展示了如何将设计理念与市场需求相结合，如何在产品生命周期中进行持续创新，这些经验对于我来说是宝贵的学习资源。

总的来说，通过这次考察，我产生了智能化、数字化技术与家具设计相融合的新思路，创造出更为智能、便捷、舒适的生活用品。科技与艺术设计的深度合作拓宽了我的设计思维，也指引了我思考未来设计趋势，为我指明了作为一名设计师应当具备的视野与责任。

——戴尧

参观清华的过程中，清华的老师带领我们到不同的专业教室，为我们讲解不同专业的上课方式以及学习内容，使我了解到一件产品的背后可能会有繁复的加工工艺。随后在大信，参观了其颜色博物馆等场馆，了解到中国还尚有许多不为人所熟知的优秀传统文化，以及产品背后可能隐藏着的丰富的文化内涵。通过参观其家具展示，了解到大信家具一些独特的空间收纳技术及其模块化的理念，感到震撼；希望在今后自己的设计中也能多思考藏在产品背后的文化内涵，以及如何更好地为人们服务。

——袁腾坤

在大信博物馆中，我看到了很多有意义的历史文物，其中最让我印象深刻的就是非洲的木雕，它让我感受到了一个时代值得以命相护的文化传承与非洲大草原独特的文化魅力。接下来，我们参观了宝马工厂，全自动化的生产流程，让我深有感触，体会到科技的进步所带给人们的时代红利。而中科院的材料研究所，则让我们进一步领略了尖端科技的魅力，也第一次真正对艺术与科技间的联系有了触动。

——鄢然

鲁迅美术学院来自各个年级的同学们在老师们的组织下在清华大学美术学院工业设计系汇合后，由老师带领我们参观了整个学院的实验工作坊，也为我们分享了很多教学理念。学习期间老师一直引领我们怎样发现问题后探索问题，然后提出一个产品概念，形成社会产业与企业创业之间的良好互动。与我们一同参加的清华同学来自不同专业，所以我们经常能够从他们那里获得一些新颖的想法，然后我们再将这些想法通过产品设计的思想进行转换让其得以实现。随后我们一同前往河南大信家居进行进一步的企业考察，在那里的博物馆中，我们学习到了很多中国设计理念的历史，并且与企业家庞总在会议室进行了面对面的交流，我们听到很多在学校里没有听过的有关企业与产品生产、产品研发的落地的知识，让人收益颇丰。

——陈宏浚

　　整个学习过程按照发现 - 定义 - 设计 - 交付的 4D 设计流程，分别参观了大信家居博物馆，宝马工厂的自动化流水线，以及中国金属研究所 CMF 的设计流程与环节，了解了现代化的生产工艺与科研领域的先进技术材料。对于尚未进行过完整设计实践的我们来说，这是从俯视角度对设计进行的一次再认知，能切身体会与感受到设计理论的实际应用与其产生的成果。我相信这对于设计初学者甚至每位设计师来说都是来之不易的宝贵经验，我也会将其应用到以后设计的学习中，以此对自己的能力进行巩固提升。

——谭纳川

　　在 2023 年 3 月份为期不到一周的与清华大学同学们一同进行的研产学之旅中我收获颇丰。最令我印象深刻的是蒋老师在郑州大信工厂讲话时对我们所说的"做设计就是做事"，这让我领悟到设计不仅仅是单薄的设计形态或是功能，更多的要注入人文关怀和情感，做有温度、有态度的设计。同时，在大信家居工厂，我们鲁迅美术学院的同学与清华大学来自不同专业的同学进行了方案的碰撞，不断进行融合与跨界的研究，探究出一种类型设计方案的多元化解决办法，也让我认识到，学习更应该走出课堂、多思考、多感受、多体验。

——张若谷

　　一个好的设计，一定是关注人，关注空间本质，关注细节的，这也是我通过参观大信博物馆得出的感悟。馆内展示了大量古迹文物以及从中提取出来的更符合国人审美的传统颜色标准，庞老师将一件件出土文物以时间轴形式生动展现了中华文明绵延传承、不断演进的生活习惯，将积淀的文化基因浓缩为一个个模块，在进行大批量生产的同时为用户提供更多可以选择的细节模块，让用户以批量产品的价格，拥有个性化的产品。大信研发的"鸿逸"工业设计软件在全面综合成本、质量、柔性和时间等竞争因素的前提下有效地解决了需求多样化与大规模生产之间的冲突，为现代制造企业提供了一种全新的竞争模式。

——张诗睿

　　"设计没有顿悟，只有积累"。这次从清华开始，到大信家居、宝马工厂，最后到中科院的经历，给了我一个从学校走出去学习的机会，让我的认知不局限在"想"，对我来说是一次多感官的知识积累。

　　"听"：很多老师发表了对于设计未来的看法，这对我在设计思维上有一定的影响——未来的设计一定是团队的力量，是学科交叉的产物。"观"：在大信集团见识到了很多让人眼前一亮的文物，还有融入先进理念的家居服务体系；在宝马工厂详细参观了汽车的制作流程，让我的一些天马行空的想象连接到了现实。创意和灵感固然重要，但往往要建立在深厚的知识和经验基础上。"触"：在听到庞学元先生分享的自己多年的工作以及创建博物馆的亲身经历后，带给我很大的触动，可能无关设计本身，但超越设计之外的家国情怀绝对会成为我走得更远的基石。

——江虹瑾

　　参观宝马铁西工厂让我对汽车制造业有了更完整、更清晰的认知。在此之前我从来都没有在车间考察的经历，我们跟着工作人员顺着生产线了解了一辆车的生产流程。其中一些高难度、高精密的工作由智能机器人完成，小部分需要灵活调整的工作还是由人工完成。近距离接触大量系统装置和机械让我感到震撼，不同的装置配合有序，自由调整，还有一些巡逻探测机器人随时将路况和生产状况反馈给上级。此次的考察，让我认识到人工智能影响之大，但在一些必要方面人类工作仍不可替代，机械的更替是服务于人的，在当今高效率、公式化生产模式下，产品的灵魂性应当是我们去研究的课题。

——葛睿瑄

”

知识拓展

产品造型设计

　　产品造型设计为实现企业形象统一识别目标的具体表现。产品造型设计服务于企业的整体形象设计，以产品设计为核心，围绕着人对产品的需求，更大限度地适合人的个体与社会的需求而获得普遍的认同感，改变人们的生活方式，提高生活质量和水平，因此对产品形象的设计和评价系统的研究具有十分重要的意义。评价系统复杂而变化多样，有许多不确定因素，特别是涉及人的感官因素等，包括人的生理和心理因素。通过对企业形象的统一识别的研究，并以此为基础，结合人与产品与社会的关系展开讨论，对产品形象设计及评价系统做有意义的探索。产品的造型设计为实现企业的总体形象目标的细化。它是以产品设计为核心而展开的系统形象设计，对产品的设计、开发、研究的观念、原理、功能、结构、构造、技术、材料、造型、色彩、加工工艺、生产设备、包装、装潢、运输、展示、营销手段、广告策略等进行一系列统一策划、统一设计，形成统一感官形象和统一社会形象，能够起到提升、塑造和传播企业形象的作用，使企业在经营信誉、品牌意识、经营谋略、销售服务、员工素质、企业文化等诸多方面显示企业的个性，强化企业的整体素质，造就品牌效应，赢利于激烈的市场竞争中。

交互设计

　　交互设计（英文 Interaction Design，缩写 IXD），是定义、设计人造系统的行为的设计领域，它定义了两个或多个互动的个体之间交流的内容和结构，使之互相配合，共同达成某种目的。交互设计努力去创造和建立的是人与产品及服务之间有意义的关系，以"在充满社会复杂性的物质世界中嵌入信息技术"为中心。交互系统设计的目标可以从"可用性"和"用户体验"两个层面上进行分析，关注以人为本的用户需求。

思辨设计

思辨设计和传统设计最重要的区别就是：思辨设计是呈现和引发讨论，激发想象力，不做针对性的引导。而传统设计往往需要聚焦一个问题，一个场景，一个人群，去找出解决方案。这种形式的设计以想象力为基础，旨在为有时被称为奇怪的问题开辟新的视角，并创造讨论和辩论的空间，激发和鼓励人们的想象力自由流动。思辨可以作为催化剂，重新定义我们与现实的关系。思辨设计中，所提倡的是将关于未来的想法作为一种工具，更好地了解现在，讨论人们想要或不想要的未来。这种思考通常采取情景的形式，并从一个假设问题开始，去开辟辩论的空间，因此，它必然具有挑衅性、故意简化和虚构性。虚构性使观众暂时将他们的不信任收起来，并让他们的想象力四处游荡，去暂时忘记现在的情况，鼓励他们去思考事情可能是怎样的。

社会创新设计

社会创新设计是一种新的社会实践，旨在以比现有解决办法更好的方式满足社会需求，强调的是以人为本、协同创新和创新性解决问题的方法。社会创新是通过引入新的思想、方法、产品、服务或组织形式等方式来解决社会问题的过程。这些社会问题可以包括环境问题、社会不公、医疗问题、教育问题、经济问题等。社会创新的定义有很多，然而，它们通常包括关于社会目标、行动者之间的社会互动或行动者多样性、社会产出和创新性的广泛标准。社会创新设计并不仅仅是指具备社会责任的设计，而且需要服务于弱势群体，更需要服务于普通民众。不论是老人，还是移民，或者是上班族，只要人们参与到解决日常问题的过程中，并且最终提出了不同往常的解决方案，就是在进行社会创新设计。简单地说，社会创新是为公共利益服务的一种想法，社会创新设计则是将此想法付诸实践。

3D 打印技术

3D 打印技术即快速成型技术的一种，又称增材制造，它是一种以数字模型文件为基础，运用粉末状金属或塑料等可粘合材料，通过逐层打印的方式来构造物体的技术。3D 打印技术通常是采用数字技术材料打印机来实现的，常在模具制造、工业设计等领域被用于制造模型，后逐渐用于一些产品的直接制造，已经有使用这种技术打印而成的零部件。该技术在珠宝、鞋类、工业设计、建筑、工程和施工（AEC）、汽车、航空航天、牙科和医疗产业、教育、地理信息系统、土木工程、枪支以及其他领域都有所应用。

未来：具有时代精神的艺科融合设计研究展望

当今世界进入工业化高速发展阶段，科技无处不在，设计创作的视野正在不断拓宽，人们开始更多地关注科技的发展，并将科技纳入艺术设计创作的内容、题材、样式、媒介、载体乃至研究方法中，设计的表达和可能性都大大拓展。清华大学艺术与科学研究中心秉承清华大学"自强不息，厚德载物"的人文精神，面向新世纪，艺科中心将迎来新的台阶跃迁与融合机遇。从艺术设计教育前沿动态分析，通过对艺术、科学、生活、情感、文化、社会的综合理悟和吸纳形成多学科综合素养，才能使学生的认知水平、艺术表达能力得到提升。"艺科融合"对整个清华大学的教学体系尤为关键且备受关注，艺科中心的各个研究所通过十多年的系统架构与体系搭建为中心发展奠定坚实的理论与实践基础。通过教育和实践的方式推动艺术与科学融合共进，将多学科交叉汇聚与多技术跨界融合变为常态，构建适应科技发展的实践教学模式才是艺术设计学科发展的方向。"艺科融合"思维对未来社会发展意义重大，具体可分为三个维度。

第一维度，以"艺科融合"思维构建多学科和跨学科的师生团队，提升设计的综合创新能力。传统的设计教学与教研师资基本以设计相关专业人员为主，传授的知识技能都围绕设计为中心展开，难以完成交叉学科的教学与科研任务。构建融合理工科的多学科实践教学师资就成了艺科融合教学的前提，未来院校内部、不同学校和科研机构要高密度对接，结合学科优势挖掘可用资源形成联合创新团队。

第二维度，以"艺科融合"思维助力产业振兴，提升设计在产业发展中的价值和引领作用。以清华大学艺术与科学研究中心设计战略与原型创新研究所为例，作为国内工业设计理论与实践相结合的重要研究机构之一，通过大量的联合专题研究，研究所为地方经济和产业发展战略等方面提出了许多建设性意见。同时，作为中国工业设计协会专家工作委员会的主要研究支撑机构，为我国工业设计的机制创新和园区发展模式等提供专业支持。在产学研联合发展方面，通过相关企业实践专题研发项目，为企业提供设计原型与创新服务，并带动企业发展战略改革、产品革新和人才的创新能力不断提升。

第三维度，以"艺科融合"思维紧随国家发展战略，提升设计在社会各层面的辐射能力。清华大学艺术与科学研究中心的系列学术沙龙致力于在现实社会生活中定义和构建新的设计发展方略，其中设计战略与原型创新研究所的研究核心即关注设计创新如何紧随国家发展战略，通过设计研究逐渐向社会各界辐射，并致力于引领时代和成为时代的表率，不断奋力向前、开拓创新。

清华大学艺术与科学研究中心举办的"艺科融合"系列学术沙龙活动在设计相关的多领域注入科技知识、科技方法和科技思维，助力社会各界关注设计人才科学素养的培养，用关联学科如数字技术、工程技术、材料学、生态学、计算机技术、物联网、云计算、机械制造等去深化设计内涵，让设计相关的教育界、产业界发现现有世界与构建未来世界的新角度、新视野，为真正意义上的创新打下基础。与此同时，两期学术沙龙中，各位嘉宾的精彩学术分享受到到场来宾的热烈响应和一致认可，通过学术交流展示了清华大学艺术与科学研究中心对开展设计与产业交融促进社会创新策略的多层次解读和拓展能力。从沙龙中各项学术活动的申办、策划和组织中，体现了设计战略与原型创新研究所推动中国设计实践赋能社会创新的核心目标。最后，系列学术沙龙不但促进学界与社会各界形成系统性、组织性的互助、互动，同时，各项学术研究专题紧随时代发展脉搏，在不断开拓进取中体现出强劲的人文精神。

蒋红斌

致
谢

　　自 2023 年 4 月筹备清华大学艺术与科学融合专题"设计与产业交融的机能与方略"系列学术沙龙以来，得到了清华大学艺术与科学研究中心与清华大学美术学院的全力支持。通过清华大学艺术与科学研究中心设计战略与原型创新研究所所长蒋红斌的悉心统筹，沙龙集聚了来自产业、学术的杰出人才代表，形成以产业与设计构筑的多维度社会创新与实践方案。系列学术沙龙主题紧扣国家发展战略，反映出中国的设计研究者与实践者对国家、产业、城乡发展、教育事业的热切关注与践行方略。在此，感谢筹备、组织、参与和关注系列学术沙龙的各位同仁。

沙龙组织执行团队

单 位

主办单位：清华大学艺术与科学研究中心、清华大学美术学院

承办单位：清华大学艺术与科学研究中心设计战略与原型创新研究所

合办单位：《装饰》杂志

协办单位：深圳传音控股股份有限公司

北京宸星教育基金会

江苏凤凰美术出版社

沙龙

沙龙时间：2023 年 5 月 26 日 -28 日（第一期）

2023 年 6 月 25 日（第二期）

沙龙地点：清华大学美术学院 C528 学术报告厅

展览时间：2023 年 6 月 25 日 -28 日

展览地点：清华大学美术学院 A 区大厅

人员

沙龙执行人：蒋红斌
沙龙总顾问：柳冠中
沙龙主旨演讲嘉宾：柳冠中、方晓风
沙龙主题演讲嘉宾：李海飚、丛志强、朱碧云、赵颖、杨光、赵杰、庞学元、
　　　　　　　　　方振鹏、赵妍、张天朗、王琳、林佳、章靰玲

总组织人：蒋红斌

顾问：柳冠中、方晓风

活动组织：蒋红斌、金志强、闻通、靳梦菲、吴丹、李青霞、陈彦廷、朱碧云、
　　　　　赵妍、谭纳川

视觉设计：金志强、蒋红斌、朱碧云

视频设计：金志强、蒋红斌

展览设计：朱碧云、金志强、蒋红斌

展览执行：蒋红斌、李海飚、朱碧云、金志强、闻通、赵妍、谭纳川

书籍文案整理：蒋红斌、赵妍、谭纳川

书籍排版设计：谭纳川、蒋红斌、赵妍

演讲者名录

（2023—2024 年，第一期到第四期）

柳冠中

中国工业设计的发展方略——设计逻辑是认知"中国方案"的创新思维方式

1943 年 9 月生，清华大学美术学院责任教授、博士生导师，政府津贴学者，中国工业设计协会副理事长兼学术和交流委员会主任，光华龙腾奖委员会荣誉主席，广东工业大学兼职教授、博士生导师。2018 年入选清华大学首批文科资深教授。

方晓风

设计竞争进阶——信息的意义与呈现

1969 年生，建筑历史与理论博士，清华大学美术学院副院长、长聘教授、博士生导师，《装饰》杂志主编。

庞学元

大信家居的设计发展战略

1963 年 5 月生，郑州市中牟县十三届、十四届、十五届人大代表，全国工商联家具装饰业商会定制家居专业委员会主席团主席，郑州大信家居有限公司创始人、党支部书记，全国工商联定制家居、橱柜专委会执行会长，中国五金制品协会副理事长，中国工业设计协会专家委员会副主任委员。

方振鹏

装配式家具的设计实践与思考

高级工业设计师证获得者，美国室内设计协会会员，中国工业设计协会会员，清华大学特聘客座教授。

杨　光

中国文创产品创新实践

北京创意加文化创意产业有限公司等公司法定代表人，北京创意加文化创意产业有限公司、嘉利五台杉（北京）科技有限公司等公司股东，东方北斗文创科技（北京）有限公司、北京创意加文化创意产业有限公司、嘉利五台杉（北京）科技有限公司等公司高管。

赵　杰

文化与园区的融合发展

北京全民畅读文化创意产业有限公司、北京全民畅读科技服务有限公司、北京全民畅读链库数据科技有限公司等法定代表人。

李海飚

践行乡村创新教育与弘扬乡村工匠精神

北京宸星教育基金会副秘书长，"石头计划"项目负责人，偏远乡村女工匠手艺传播作品公益展策展人。

丛志强
共创设计振兴乡村的实践探索

中国人民大学艺术学院副教授，硕士研究生导师，清华大学美术学院博士，艺乡建创始人之一，国家一级美术师。主要研究方向为设计生态、艺术振兴乡村、传统手工艺创新设计、品牌建设、艺术与乡村旅游。学术代表作《消费主义语境下当代中国设计生态研究》。主要教授课程包括广告设计、包装设计、书籍设计、创意思维、创意色彩和设计基础等。

朱碧云
乡村创新教育新范式

北京城市学院产品设计教研室秘书，北京城市学院艺术硕士，专业方向是艺术设计（工业设计）。

赵 颖
手工与设计素养的培育

博士，北京印刷学院设计艺术学院产品设计专业副教授，智能产品设计工作室负责人。研究方向为智能产品设计、产品服务系统设计。北京市青年教学名师，入选第十八届（2022）光华龙腾奖中国设计青年百人榜，获得第二届北京高校教师教学创新大赛三等奖。

赵 妍
艺科融合的设计研究与方式创新

鲁迅美术学院工业设计学院副教授，硕士研究生导师。2020 年度辽宁省"百千万人才工程""万"层次人才。北京理工大学珠海学院客座教授，中国工业设计协会会员。

杨 柯
无菌金属材料新技术探索

中科院金属研究所研究部主任，多年来一直从事先进钢铁结构材料、生物医用材料与器件、贮氢合金及应用等领域的研究工作。

王彬宇
色彩数字化现状及发展趋势

蔚谱光电（上海）有限公司总经理，在色彩数字化及其他 CMF 相关色彩评估技术方案领域有着深入研究。

和亚宁
结构色与新材料魅力

清华大学化工系高分子所副教授，研究领域包括：光电功能高分子材料、智能响应性功能材料、高性能高分子材料等。

蒋红斌
企业 PI 战略原理

清华大学艺术与科学研究中心设计战略与原型创新研究所所长，中国工业设计协会专家工作委员会秘书长、副主任委员，致力于设计思维、设计战略等领域的相关教学与研究工作。

严 扬
汽车产业变化对设计的挑战与机遇

清华大学美术学院教授，中国工业设计协会专家工作委员会主任委员，专注于中国汽车产业的设计考察。

蔡 军
设计战略与企业发展

清华大学美术学院教授，曾任清华大学艺术与科学研究中心设计管理研究所所长，致力于设计战略与管理领域的教学与研究。

徐 强
新时期制造业设计能力提升的思考

机械工业出版社科普设计分社副编审，曾参与组织策划全国机械工业设计创新大赛，合著《全国机械工业设计创新大赛精选案例研究》。

佟 瑛
企业中的产品原型 PI 创新与现象级 IP 传播

谊安医疗集团高级副总裁，在企业产品 PI 创新与企业战略方向有深入研究。

韩 冰
工业设计品牌战略与设计规划

尚果设计创始人，近年来专注于智能硬件产品的设计以及工业设计品牌战略与设计规划。

杨继栋
企业设计战略的构成与整合

上海科技大学创意与艺术学院副教授，拥有二十余年的设计创新教育及设计管理经验。

诸 臣
人工智能设计未来

科大讯飞工业设计中心高级总监，长期致力于"人工智能＋工业设计"创新范式的研究与实践。

方 憬
AIGC 赋能服装设计教学的探索

北京联合大学艺术学院创意设计系教师，多年来一直从事前沿时尚服装设计及服装相关产品开发的研究及教学工作。

孙小凡
IP 时代的工业设计

北京城市学院艺术设计学部教师，在 UI 界面设计、设计推广与市场战略、用户研究等领域积累丰富。

李志春
人工智能赋能地方文化特色研究

内蒙古科技大学建筑与艺术设计学院副院长，长期致力于工业设计赋能地方文化特色研究。

边 坤
数字时代的交互设计探索

内蒙古科技大学建筑与艺术设计学院教授，长期从事人机交互与用户体验设计研究与实践工作。